A Era do Controle Remoto

Bruno Jacomy

A Era do Controle Remoto

Crônicas da inovação técnica

Tradução:
Lucy Magalhães

Revisão técnica:
César Burgos

Jorge Zahar Editor
Rio de Janeiro

Título original:
L'Âge du plip
(Chroniques de l'innovation technique)

Tradução autorizada da primeira edição francesa publicada em 2002
por Éditions du Seuil, de Paris, França

Jorge Zahar Editor Ltda.
rua México 31 sobreloja
20031-144 Rio de Janeiro, RJ
tel.: (21) 2240-0226 / fax: (21) 2262-5123
e-mail: jze@zahar.com.br
site: www.zahar.com.br

Capa: Sérgio Campante

CIP-Brasil. Catalogação-na-fonte
Sindicato Nacional dos Editores de Livros, RJ.

Jacomy, Bruno
J18e A era do controle remoto: crônicas da inovação técnica /Bruno Jacomy; tradução, Lucy Magalhães; revisão técnica, César Burgos. – Rio de Janeiro: Jorge Zahar Ed., 2004.
Tradução de : *L'âge du plip: chroniques de l'innovation technique*
Inclui bilbiografia
ISBN: 85-7110-774-2
1. Ciência e tecnologia – História. 2. Inovações tecnológicas – História. I. Título.

CDD 509
04-0607 CDU 50 (09)

Sumário

Introdução | O lado menor da luneta

Por que temos nos bolsos chaves *e* controles remotos para abrir os nossos carros? Por que os teclados das nossas calculadoras são invertidos, em relação aos dos nossos telefones? Como, girando o botão do nosso fogão elétrico, reproduzimos o movimento aparente do sol no céu? Por que os geniais teares automáticos do século XVIII não conseguiram subsistir? Por que os primeiros barcos a vapor também tinham velas? Por trás dessas perguntas, oculta-se um dos motores essenciais da inovação: a curiosidade. E as respostas abrem horizontes que a nossa cultura clássica geralmente nos esconde. Esta obra é uma iniciação à cultura técnica, fundada em uma reflexão sobre a história das nossas sociedades, vista "pelo lado menor da luneta". Expressão curiosa, esta. O binóculo de teatro (a *lorgnette*), da família do *lorgnon*, porém mais antigo, é um instrumento de ótica que teve um certo sucesso no século XVIII, pois permitia, através de um efeito de aumento, observar o que acontecia no palco. Mas parece que servia muito mais para espionar os outros espectadores (Rey, 1998). De qualquer forma, essa pequena luneta, que tem duas extremidades, com a objetiva de um lado e a ocular do outro, é realmente utilizada olhando-se pelo lado menor, como qualquer óculo-de-alcance ou qualquer binóculo. Olhar pelo lado menor da luneta é pois um comportamento perfeitamente natural, que ninguém pode condenar. Exceto talvez se remontarmos às origens da palavra (1694), quando a luneta designava "uma pequena abertura feita num leque, através da qual as damas podiam observar sem que se percebesse". É óbvio que a curiosidade inerente ao processo de inovação não é dessa ordem.

Em um trabalho anterior (Jacomy, 1990), abordei o tema das técnicas em sua dimensão mais ampla, tentando, em um espaço limitado, narrar resumidamente alguns milênios da sua história. No presente livro, proponho-me a desenvolver uma abordagem complementar, partindo dos objetos e abrindo-se para a história. Digamos, para continuar com a metáfora ótica, que troco agora o telescópio, que me permitiu observar nossa história "do ponto de vista de Sirius", por um microscópio, que vou agora dirigir para alguns objetos. Globalmente, o propósito continua o mesmo nas duas abordagens, mas tomo aqui, como ponto de partida, objetos familiares, às vezes minúsculos, e tiro da observação destes lições mais amplas sobre as nossas relações com as técnicas, com as máquinas, com a nossa civilização industrial. Meu roteiro se articula em três partes, desde a história dos objetos técnicos até a sua apresentação nos museus, passando pelas relações íntimas que o homem mantém com as suas criações materiais.

HISTÓRIAS DE OBJETOS

A história do botão elétrico, dos dentes de engrenagem, do telecomando do portão de garagem, dos teclados e outros mostradores constitui o cenário. O leitor está convidado a observar e a interrogar os objetos que o cercam. A questão recorrente do *porquê* da sua criação e do seu desenvolvimento o conduz para lugares muitas vezes inesperados. Por exemplo: como foi que, desejando construir uma máquina que substituísse os operários na colocação de rebites, os engenheiros do século XIX imaginaram as máquinas mais loucas, aliás muitas vezes subutilizadas? Por que a manivela dos automóveis subsistiu por tanto tempo depois do advento da partida elétrica?

A observação da chegada do botão elétrico às nossas casas no fim do século XIX revela assim a marca que uma técnica, um objeto, pode deixar na sociedade, num determinado momento da sua história. A passagem de uma técnica para outra — da chave ao controle remoto, da manivela ao arranque, da navegação a vela à propulsão a motor — é sempre apaixonante de observar. Por que não se abandona a técnica arcaica mais cedo, por que se utilizam simultaneamente dois objetos com a mesma função? A evolução dos objetos técnicos se faz, portanto, segundo leis mais ou menos constantes que nos permitem, no melhor dos casos, entrever o futuro.

Essas questões desembocam num dos mais velhos mitos da humanidade, o do robô, da máquina que funciona sozinha, do homem artificial que, talvez um dia, destronará o seu criador.

O HOMEM E A MÁQUINA

A segunda parte dessa história se abre com a evocação, em três etapas, desse trajeto: as eras da mecânica, do audiovisual e da cibernética. É a história da mecanização, do homem que cria aparelhos para imitá-lo. A história do gesto humano escondido na máquina.

No centro dessa reflexão sobre as técnicas, e notadamente sobre a mecânica, a roda ocupa um lugar central. Inventada há mais de cinco mil anos, ela *recicla* perpetuamente forças e efeitos. Simboliza o esforço constante do homem para transformar o gesto da mão em gesto mecânico, incansavelmente reproduzido, desde o *chaduf*,* que se transforma na nora, até o motor a pistão que evolui para a turbina. A enumeração sumária das rodas presentes na *Enciclopédia* de Diderot nos fornece o seu inventário num momento decisivo da nossa história, a emergência da revolução industrial.

Mas às vezes o próprio homem é considerado uma máquina que se cronometra, cujos gestos elementares são decompostos, a fim de reduzir-lhes a duração ao mínimo e aumentar assim a produtividade. Daí os truques imaginados pelos operários para esquivarem-se dessas coerções, escondendo-se, e que, finalmente, mobilizam uma criatividade insuspeitada.

O capítulo que fecha essa segunda parte é centrado na tecnologia e mais precisamente na trajetória percorrida por engenheiros e técnicos do século XIX, evidenciando as leis que regem a evolução dos objetos técnicos ao longo do tempo.

A noção de evolução do mundo artificial, evocada paralelamente à do mundo vivo, é tratada relatando-se uma tentativa de encenação dessa incorporação do humano à máquina, a partir de exemplos tomados notadamente da exposição "O Homem-Máquina", apresentada no Museu de Artes e Ofícios em 1994: da tesoura à cisalha, do martelo ao laminador. Esse capítulo tem a função de articulação com a última parte desta obra, "A memória das técnicas".

A MEMÓRIA DAS TÉCNICAS

Na linhagem dos gabinetes que exibiam curiosidades e artigos de história natural, os primeiros gabinetes de física surgiram no Século das Luzes. Neles, a máquina aparecia como uma representação, uma metáfora do mundo. O Conservatório Nacional de Artes e Ofícios (tive a honra de participar diretamente da renovação do seu museu) é o herdeiro direto desses gabinetes científicos.[1] Como na *Enciclopédia*, a máquina é posta em representação, não por si mesma, mas como testemunha do espírito inventivo do homem. Templo da engenhosidade dos artesãos, do saber-fazer dos inventores, da astúcia dos engenheiros, o Conservatório constituirá, ao longo dos anos, uma coleção única, que tornará visível e sensível a história das máquinas e instrumentos de dois séculos atrás até hoje, mas que também mostrará a dificuldade de apresentar e transmitir conhecimentos científicos ou técnicas imateriais.

Nesse museu da inovação técnica, as coleções de modelos e protótipos são mostradas e classificadas às vezes como aquelas séries de borboletas ou de mamíferos que descobrimos nos museus de história natural. Aqui, entretan-

---

* Aparelho a báscula, usado antigamente no sul da Europa, Tunísia e Egito, para retirar água dos poços. (N.T.)

1. A renovação do Museu de Artes e Ofícios foi iniciada e dirigida a partir de 1988 por Dominique Ferriot, no âmbito de um programa de grandes obras públicas promovido pelo Estado, conhecido como Grands Travaux de l'État. O museu reformado abriu suas portas em março de 2000.

to, não lemos os milagres da natureza, mas os dos homens. Uma volta por algumas coleções estrangeiras (Munique, Oxford...) demonstra o interesse, tanto quanto os limites, de um paralelo tentador mas demasiado estreito, entre a evolução das técnicas e a do ser vivo.

Na verdade, mais que um simples lugar para a contemplação de coleções, o museu pode tornar-se lugar de apropriação do saber, testemunha incomparável da trajetória do pensamento técnico, e assim vir a ser uma ferramenta indispensável para a aquisição da cultura técnica.

Em conclusão e para abrir novos horizontes, esta obra ressalta o componente sonoro da nossa cultura material, cuja importância tem sido negligenciada até agora. Uma defesa da tomada de consciência acerca de um patrimônio esquecido, o último capítulo sugere pistas de reflexão sobre o nosso ambiente sonoro, sua evolução, sua importância em nossas memórias individuais e coletivas, e enfim sobre o seu devir.

Primeira parte:

HISTÓRIAS DE OBJETOS

1 A era do contole remoto, uma crônica da inovação

O abandono de uma técnica ultrapassada não é um ato fácil. Alguns casos atuais ou antigos nos mostram que conservadorismo, mutações industriais ou medo da novidade muitas vezes freiam a inovação.

Que ligação pode existir entre um controle remoto de 1995, um barco a rodas de 1830 e uma manivela de 1960? Além do fato de que se trata de objetos manufaturados, produzidos por nossa sociedade industrial ocidental, eles têm um ponto comum que a história da inovação técnica nos revela. A inovação técnica existe desde as primeiras eras da humanidade, sendo, portanto, intemporal. O confronto de técnicas, de objetos, de invenções de épocas muito diferentes nos abre muitas vezes apaixonantes caminhos para pesquisa, e pode mostrar-nos, principalmente, *invariantes* na evolução dos objetos. São leis que regem, por exemplo, a passagem de uma técnica para outra. Todo procedimento criador, inevitavelmente cultural, se baseia num conhecimento, mesmo empírico, desses mecanismos. Esse é o caso de um curioso objeto, conhecido por todo o mundo, mas cujo nome talvez desoriente algumas pessoas, no início.

Entre os mais recentes produtos da nossa sociedade moderna, existe um que não pode deixar indiferente o historiador das técnicas. Um desses objetos-signo, que traduzem ao mesmo tempo fenômenos pontuais e tendências intemporais. Esse objeto fascinante foi chamado, por seu próprio inventor, de "plip". Para aqueles que não o utilizam ou para os incrédulos, vamos esclarecer que essa bem escolhida onomatopéia designa a pequena caixa negra que, com uma simples pressão do dedo, fecha ou abre as portas dos carros de passeio. Aliás, em poucos anos, e segundo um processo de que voltaremos a falar, o "plip" foi miniaturizado e depois integrado à chave.

Esse objeto não tem nada de extraordinário. Faz parte dos múltiplos *gadgets* que, em diferentes graus, foram imaginados para facilitar a nossa vida. Quem possui um veículo com esse acessório não despreza o seu aspecto prático, e conseqüentemente o tempo ganho na vida cotidiana com a sua utilização.

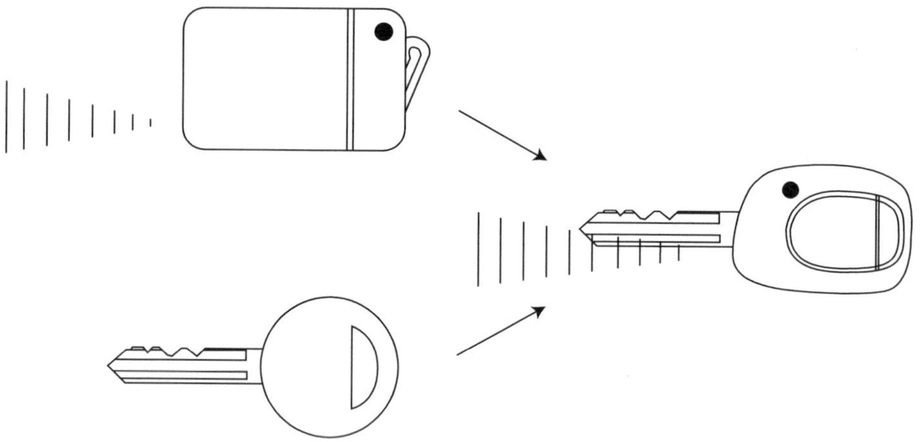

A chave, exclusivamente mecânica, coexistiu durante alguns anos com o controle remoto. Atualmente, os dois objetos estão reunidos em um só.

UM NOME PARA O "PLIP"

Em certo sentido, trata-se de um simples controle remoto, aliás muito mais simples do que aqueles das nossas televisões, vídeos, DVD e outros. Entretanto, esse objeto comum provoca uma primeira curiosidade: o seu nome. O termo "plip" já é, em si, um achado.

Esse nome foi imaginado pelo inventor do instrumento e, obviamente, obedece às regras do marketing. Depois do Minitel*, do *button* e do *airbag*, essa palavrinha soa bem, parece americana (logo moderna), lembra os clips da televisão e — última vantagem — o barulho das portas que se abrem ou fecham. Na verdade, é bem mais do que isso. É a própria encarnação do seu criador, Paul Lipschutz, então diretor geral da sociedade Neiman (sociedade comprada, no fim dos anos 1980, pela Valéo). Paul Lipschutz batizou o objeto associando a inicial do seu nome com as primeiras letras do seu sobrenome. Muito esperto: se outros fabricantes adotarem o novo objeto, o nome continuará e a posteridade terá que prestar homenagem ao grande inventor, como aconteceu com o administrador Poubelle** e o barão Bich (este teve apenas de tirar o "h" do seu sobrenome para dar um nome eficiente à novíssima caneta esferográfica).

Por mais apaixonante que seja a certidão de nascimento desse objeto, vamos falar agora do seu uso. Voltarei mais detalhadamente à sua função principal, o fechamento a distância, mas menciono em primeiro lugar uma fun-

* Pequeno terminal de consulta de banco de dados. (N.T.)

** Eugène Poubelle, que impôs o uso das latas de lixo em 1884, e cujo sobrenome passou a designar esses objetos. (N.T.)

ção que não escapa a ninguém e que pode ser qualificada de "função de signo" (Deforge, 1992). Quem nunca ficou olhando com inveja um motorista privilegiado apertar um objeto invisível a poucos metros do seu carro, para fechar todas as portas com um único gesto? Inveja que aumenta ainda mais quando o veículo responde com uma rápida piscada de todos os faróis, como que para dizer: "Vai sossegado, eu cuido de você." O motorista não corre risco algum, o alarme eletrônico está ligado e garante a proteção do carro, avisando eventualmente o proprietário contra algum mal-intencionado.

Exibir um "plip" no molho de chaves mostra imediatamente ao interlocutor que o dono é "antenado", aos colegas que é rico, ao corretor de seguros que é previdente. Eu deveria ter dito "mostrava", pois o objeto em questão é, na verdade, cada vez menos visível. Integrado à chave, hoje é bem difícil de notar. O "plip" não é pois somente um objeto utilitário, mas também uma referência física, um *signo* distintivo, como a caneta-tinteiro, os fones do *walkman* ou o telefone celular.

UMA FUNÇÃO QUE CRIA DOIS ÓRGÃOS

Mas voltemos à razão de ser do "plip": fechar à distância as portas de um carro. Antes dele, houve o fechamento centralizado, nítido progresso em relação ao que existia anteriormente, isto é, uma chave para fechar as duas portas dianteiras, uma segunda para fechar a mala, eventualmente uma terceira para a entrada de gasolina. Sem falar da inevitável chave de ignição. A passagem do molho de chaves fornecido junto com o veículo para a chave única é certamente um progresso para o usuário. Mas por que isso não aconteceu mais cedo? A pergunta, longe de ser insignificante, é essencial, e até central em todo procedimento de pesquisa na história da inovação.

Efetivamente, por trás desse progresso se esconde uma mudança técnica importante: a introdução da *eletricidade* no processo de fechamento de um carro. Essa mudança é menor em seu princípio. Já se pode observá-la na evolução de muitas peças do carro: no limpador de pára-brisa, no fechamento das janelas, nos comandos à distância dos retrovisores externos, etc. Mas a mudança é capital quanto à *função* à qual ela se aplica. Enquanto se trata de facilitar o movimento de um acessório, a passagem para a eletricidade não apresenta nenhum problema. Mas, no fechamento do carro, toca-se numa noção delicada: a *propriedade*. Realmente, até então, o fechamento da propriedade privada sempre fora realizado com sistemas unicamente mecânicos. Depois das chaves convencionais, houve bem poucas modificações: materiais mais resistentes, combinações mais numerosas, chaves mais leves e soluções técnicas cada vez mais refinadas... Mas é sempre a rotação da chave que permite abrir ou fechar todas as portas. A introdução da eletricidade nessa função crucial se fez pois com bastante dificuldade, em razão da própria essência dessa técnica impalpável.

Em um passado mais longínquo, a chegada da eletricidade ao domínio da ferrovia já apresentara problemas, com o advento da sinalização elétrica nos anos 1850, e a utilização da tração elétrica, um século depois. Quando de uma pesquisa da Compagnie du Midi em 1858, uma comissão manifestou dúvidas sobre a utilidade do uso da telegrafia e da eletricidade, pois, afirmava ela, os engenheiros "decidiram confiar exclusivamente à pilha o cuidado com a segurança, fazendo-a agir tanto de perto como de longe nas estações, na via férrea, nos sinais e nas locomotivas" (Caron, 1996, p.11). Desde sempre, o mundo dos transportes esteve intimamente ligado com a mecânica; e a eletricidade, tão impalpável, tão difícil de controlar pelo mecânico, teve dificuldade em introduzir-se. Segundo a análise de Yves Stourdzé, "durante muito tempo, a eletricidade, ao contrário dos sistemas mecânicos, não conseguiu inspirar uma confiança sólida (o Estado-maior, até 1940, nem queria ouvir falar de eletrificação da ferrovia); ela é fluida demais, invisível demais, sutil demais, ao passo que a mecânica, literalmente, é algo de peso" (Stourdzé, 1987, p.189).

Para o fechamento dos veículos, apareceram em alguns anos duas mutações sucessivas: a chegada da eletricidade com o fechamento centralizado, e depois o advento das telecomunicações com o comando a distância. Vencidas essas duas etapas, ficamos com dois objetos destinados a uma mesma função e, entretanto, fundamentalmente diferentes: a chave, pequeno pedaço de metal de forma estranha, e o "plip", pequeno paralelepípedo de plástico recheado de eletrônica. Nessa situação de concorrência, por que a chave sobrevive? O fato de que coexistam atualmente, no bolso do motorista, dois objetos distintos com a mesma função apresenta todas as características de uma fase transitória. O que aconteceu com os acessórios de conforto mencionados acima? Efetivamente, vimos há algumas décadas limpadores de pára-brisa a motor equipados com uma pequena manivela, se por acaso... A história nos ensina que brevemente a chave desaparecerá, dando lugar ao controle remoto de fechamento centralizado.

Fazendo essa pergunta da persistência da chave a auditórios de estudantes, adeptos de novas tecnologias e automaticamente convencidos dos benefícios do progresso técnico, a maioria me respondeu: "A chave não desaparecerá, não é possível." Por quê? "Por razões de confiabilidade, de segurança, é claro! E se a pilha falhar, se o emissor do comando der problema, ou pior, se o 'plip' sumir?" Eu não diria que essa é uma atitude conservadora que não fica bem num futuro engenheiro; diria, antes, que esse fato reflete simplesmente a nossa falta de cultura técnica.

O ADVENTO DA NAVEGAÇÃO A VAPOR

Para apoiar esta demonstração, tomarei o caso de dois objetos que sofreram, em períodos diferentes, uma prova semelhante à da chave. O primeiro exemplo nos remete ao domínio da navegação.

Em 1829, a marinha mercante francesa estava orgulhosa do seu último barco, magnífico navio de comércio chamado *Sphinx*, cujos vestígios ainda podemos admirar em vários museus: no Museu de Artes e Ofícios, um modelo em escala 1:5 da sua máquina a vapor, feito de ferro fundido, realizado por Eugène Philippe; no Musée de la Marine, também em Paris, outro modelo da mesma máquina, em escala mais reduzida, assim como um modelo em escala 1:40 da corveta; no Musée du Fer de Jarville-la-Malgrange, enfim, uma segunda maquete do barco, com suas rodas com pás e sua decoração representando uma esfinge.

Basta observar esta última maquete para constatar o anacronismo: o navio tem simultaneamente três mastros, dotados de todo o velame necessário, e uma chaminé imponente, situada entre as duas grandes rodas com pás. Como no caso do "plip" e da chave, dois elementos — a máquina a vapor e o velame — para uma única função: a propulsão. Esse aparente mistério pode ser rapidamente esclarecido, desde que se remonte ao começo do século XIX quando o vapor era sinônimo de progresso, de modernidade.

Aliás, essa novidade estava claramente afirmada no próprio design do motor a vapor, cuja decoração apresenta colunas caneladas à maneira antiga, capitéis, balaústres de cobre. Como no caso do "plip", a função de signo é quase tão importante quanto a função utilitária.

A passagem da navegação a vela para a navegação a vapor se fez em quatro tempos. O primeiro tempo foi o da marinha a vela, uma técnica de transporte que chegara havia muito à maturidade, confiável e universal. O segundo tempo foi ilustrado pelo aparecimento do *Sphinx*. Nos anos 1820, a navegação transatlântica se efetuava sempre a vela. Mas às vezes o vento faltava. A máquina a vapor era então como que um substituto das forças naturais; a roda com pás foi, de certa forma, o "pneu sobressalente" do barco a vela. Ao longo dos segundo e terceiro tempos, as duas técnicas — vapor e vela — coexistiam no mesmo navio. Mas ao passo que, durante o segundo tempo, a máquina a vapor era concebida principalmente como um meio de avançar na ausência do vento, o terceiro tempo foi o do predomínio do vapor. Diante da economia de tempo oferecida por esse novo modo de propulsão, e no contexto de um crescimento econômico espetacular, o vapor se tornou rapidamente o modo principal de propulsão. Entretanto, durante essa fase, a nova técnica não se mostrou totalmente confiável, e assim conservou-se o velame como segurança, para o caso em que a máquina tivesse uma pane, ou faltasse combustível. Por sua vez, a vela tornou-se o "pneu sobressalente" da máquina a vapor. Hoje, o "plip" se encontra nesta última situação. A nova técnica está aparentemente dominada, mas ainda não se decidiu a abandonar a antiga.

Apesar dessa resistência, o quarto tempo acabou chegando, com o abandono puro e simples da antiga técnica. Em 1845, a primeira travessia do Atlântico por um barco inteiramente de ferro e movido por uma hélice foi realizada pelo *Great Britain*, construído na Inglaterra. A vela desapareceu, uma página foi virada. Os grandes navios construídos a partir de meados do século XIX seriam todos unicamente a motor.

O que acontece hoje quanto ao automóvel? A chave continua presente, mostrando a forte confiança que atribuímos constantemente à mecânica. Embora, inevitavelmente, o progresso acabe superando os riscos de pane ou da falta de energia elétrica, a antiga chave resiste ainda e sempre, sob a pressão dos usuários, e talvez dos próprios fabricantes.

O *Sphinx*, lançado em 1829, com mastros e também com rodas e chaminé.

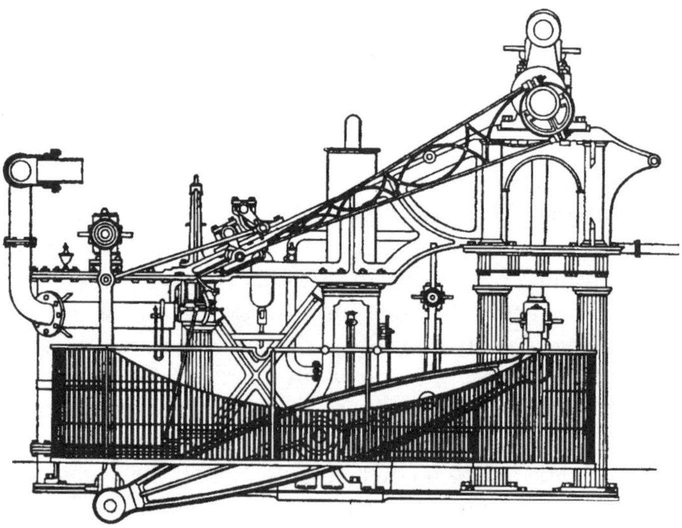

A máquina a vapor do *Sphinx*, com sua estética e sua funcionalidade muito detalhadas. O eixo das rodas com pás está em cima, para que o motor, colocado muito abaixo, favoreça a estabilidade do navio.

O *SPHINX*, AVISO* COM RODAS E SEIS CANHÕES

Construído em Rochefort, segundo os planos do engenheiro naval Hubert, o *Sphinx* foi lançado ao mar em 3 de agosto de 1829. Além de se tratar do primeiro navio a vapor da Marinha Real, tornou-se célebre no seu tempo por ter trazido a Toulon, em 9 de julho de 1830, a notícia da tomada de Argel, ocorrida em 5 de julho. Mas, principalmente, sua notoriedade se deve à missão efetuada em 1832 e 1833 entre Toulon e Alexandria, ida e volta, para rebocar até a França o obelisco de Luxor, que adorna hoje a Place de la Concorde, em Paris. Essa não foi uma viagem tranqüila, tanto no que se refere ao obelisco, que teve de esperar cerca de um ano no veleiro *Luxor* para passar do Nilo ao Mediterrâneo, quanto no que se refere ao *Sphinx*, que teve de enfrentar condições meteorológicas desfavoráveis e só com dificuldade encontrou carvão em Corfu.

O navio naufragou em 6 de julho de 1845, nas costas do cabo Matifu, perto de Argel, durante uma de suas numerosas missões de transporte entre a França e a Argélia.

Quanto ao aspecto técnico, o *Sphinx* foi aparelhado como goleta de três mastros, com um velame total de 742 metros quadrados. A máquina a vapor a balancim de 160 cavalos, construída por W. Fawcett em Liverpool, acionava duas rodas com pás de 6 metros de diâmetro, com propulsão de 7 nós. O plano do *Sphinx* serviu durante cerca de 20 anos como modelo para os barcos a vapor da Marinha Real.

O ABANDONO DA MANIVELA

Tomarei um segundo exemplo — ainda no domínio do automóvel — num passado muito mais recente. Trata-se do desaparecimento da manivela. O processo é idêntico à passagem para a navegação a vapor. Numa época em que o carro se democratizava, desejava-se atrair novos motoristas, facilitando o uso desse veículo. Já em 1912, a General Motors introduziu o arranque elétrico em alguns dos seus modelos. Ao invés de dar partida no motor com a ajuda de um ou vários vigorosos golpes de manivela, bastava que o motorista, sentado ao volante, apertasse um botão ou puxasse um manete para que o arranque elétrico cumprisse essa tarefa ingrata, suja e às vezes perigosa no lugar do condutor. Ainda assim, cerca de meio século depois do aparecimento dos primeiros arranques, a maioria dos automóveis, nos anos 1960, mantinham a manivela. Efetivamente, a fragilidade relativa do arranque elétrico, a potência

* Embarcação destinada a transportar documentos oficiais, vigiar ou escoltar barcos mercantes. (N.T.)

limitada dos acumuladores e o torque necessário para dar partida no motor, principalmente no inverno, tornavam necessária a permanência da antiga manivela, assim como o sinal distintivo da sua presença: o orifício abaixo da grade do radiador ou no meio do pára-choque.

O Peugeot 402, apresentado no salão de 1935, com o buraco da manivela, no meio do zero. À direita, o Citroën GS, último carro francês fornecido com manivela.

Em nossos dias, ainda temos uma reminiscência familiar: o zero que a firma Peugeot atribui ao centro das denominações dos seus carros de passeio, do 201 ao 806. O zero central é a memória desse orifício de manivela, esse órgão desaparecido da família do automóvel. Mas também ali a manivela desapareceu, dando lugar a aperfeiçoamentos notáveis, como um aumento importante da taxa de compressão e uma disposição transversal do motor. E, se não se consegue dar partida, empurra-se o carro e chama-se o mecânico. Só isso.*

Nessas condições, por que a chave ainda existe? Simplesmente porque é cedo demais. Ainda não estamos prontos para abandonar o gesto direto que tranca a fechadura girando a chave. E, à pergunta "E se o 'plip' não funcionar?", é fácil responder: "E se a chave cair no bueiro ou quebrar dentro da fechadura?"

Outro argumento: o preço. Mais uma vez, o historiador lembra que geralmente as inovações chegam primeiro aos usuários mais abastados, antes de se democratizarem amplamente, dentro de alguns anos. Foi o caso da lâmpada elétrica, do telefone, do aspirador. Evidentemente, sempre podemos dispensar esses objetos, até o dia em que eles se tornam essenciais, o fútil indispensável.

* Atualmente, com o advento da injeção eletrônica, o tradicional "empurrão para pegar no tranco" tornou-se prática indesejável à saúde mecânica do automóvel, pois pode provocar o empeno das válvulas do motor. (N.R.T.)

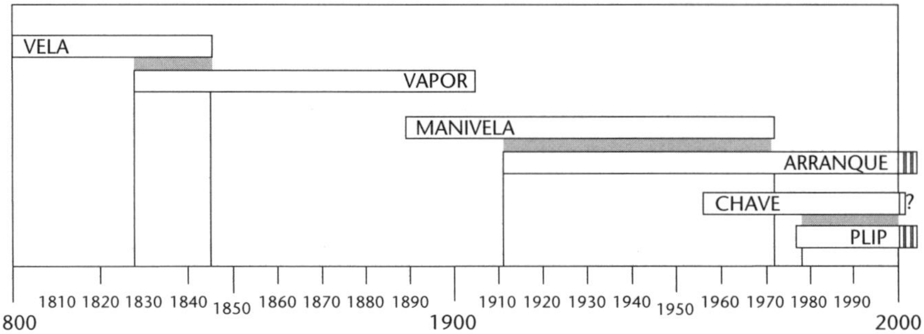

Quadro das passagens da vela para o vapor, da manivela para o arranque e da chave para o "plip". Em cinza, os períodos de transição.

A fase em que estamos hoje é a da "fusão" dos dois objetos em um. A partir do primeiro registro do "plip", feito em 1978 pela sociedade Neiman,[1] o dispositivo se difundiu. Primeiro, foi a Renault que o utilizou, depois de obter a sua exclusividade até 1983. Nesse ano, a administração estatal fez o seu próprio registro, para uma caixa menor, mais ergonômica. Por sua vez, a Citroën registrou em 1986 um controle remoto integrado à chave e acoplado a um alarme. A Fiat, e depois os fabricantes japoneses, seguiram o caminho dos fabricantes franceses, a partir de 1987.

Assim, em menos de dois anos, o controle remoto foi miniaturizado até poder ser integrado à chave. Por um lado, com essa fusão, o "plip", que parecia um objeto suplementar no bolso do motorista, se fez mais discreto, e o fim da chave, menos imperioso. Por outro lado, permanece ainda uma pergunta: se as chaves para o fechamento exterior acabarem desaparecendo, o que acontecerá com a chave de ignição? Efetivamente, é oportuno indagar para que serve esta última chave. Os sistemas de fechamento das portas, de alarme, do bloqueio da ignição são barreiras que afinal tornam obsoleto o bloqueio do volante pela chave de ignição. E esta também poderia ser substituída por um simples interruptor para dar a partida e parar o motor. Outras soluções existem hoje, mas nada é inviolável para um malfeitor hábil e bem informado. Em certo sentido, o combate da chave contra o pé-de-cabra nos lembra o da espada contra a couraça, há alguns séculos (Faucherre, 1993). Pode-se pois imaginar o desaparecimento da chave de ignição, o que aliás é o caso de alguns veículos utilitários e era o caso geral dos carros de passeio há algumas décadas. Em 2001, a Renault inovou, lançando o Laguna 2 "sem chave", e substituiu a fechadura e a chave de ignição por um simples botão "liga-desli-

---

1. Pedido de registro de invenção nº 7807726, protocolado em 17.3.1978 por Paul Lipschutz no Institut National de la Propriété Industrielle, sob o título "Dispositivo de comando de uma fechadura de veículo automóvel", e publicado em 1979 sob o nº 2420008.

ga". O "plip" assumiu uma forma extraplana, com o formato de um cartão de crédito. Conseqüência lógica da evolução do fechamento, o desaparecimento da chave já seria uma realidade? Talvez ainda não, pois se você abrir o cartão do Laguna 2, vai encontrar uma chave mecânica de socorro, para ser inserida numa fechadura oculta, que abre a porta do motorista.

A passagem de uma técnica para outra não se faz, pois, facilmente. É preciso tempo para que os dispositivos mecânicos dêem lugar aos telecomandos eletrônicos. Não é porque se substitui o sistema de fechamento do veículo que se resolve o problema do molho de chaves! O que acontece com as chaves da casa, do portão de entrada, da tranca da bicicleta, do escritório, tudo aquilo que constitui o jogo de ferramentas cotidianas de todos nós? Será que vamos substituir o molho de chaves pelo molho de "plips"?

Já que me lancei na previsão do futuro, continuarei ainda a basear-me na evolução atual dos telecomandos. Depois do florescimento desses "zapeadores"* que acumulamos em nossas casas, vemos surgir hoje controles remotos únicos, pré-programados, que podem acionar televisores, aparelhos de som, vídeos ou leitores de DVD. Mas, alguém dirá, tudo isso é fácil, pois não envolve problema de segurança. No que se refere às fechaduras, deseja-se que nenhuma outra pessoa possa abri-las. Imaginem então a complexidade do problema para se chegar à solução ideal: o "plip" único para a casa, o carro, a tranca da bicicleta, o escritório etc. Em resumo uma chave mestra eletrônica. Se a técnica já permite, hoje, a realização dessas proezas, todavia os seres pragmáticos que nós somos não estamos prontos a abandonar a mecânica pela eletrônica, o real pelo virtual, o tangível pelo impalpável.

* Alusão ao "zapping", hábito dos telespectadores de passar rapidamente de um canal para outro, até que algum programa atraia a sua atenção, servindo-se do controle remoto. (N.T.)

2 Pesquisa sobre um botão

Objetos fúteis, utilitários, belos, kitsch ou fora dos padrões, há de tudo no gigantesco supermercado das criações humanas. Por que escolher, nesse armazém imaginário, o botão, tão comum, quando há tantas maravilhas, tão mais espetaculares, que poderiam prestar-se a um texto erudito de história das técnicas?

Por duas razões. A primeira é que esse objeto é simples, e é justamente a sua banalidade que me interessa. Não existe barreira para compreendê-lo, atrás da qual o especialista poderia abrigar-se para exibir o seu saber técnico. A banalidade do botão será a nossa porta de entrada. É fácil para qualquer um investigá-lo sob diversos ângulos, observá-lo através de uma lente, como faria com uma pedrinha bonita achada no caminho. A segunda razão é, ao contrário, o status de que goza hoje o botão: ele quase tornou-se o emblema da nossa sociedade industrializada. Na sociedade "aperta-botão", seu lugar é tão importante quanto seu tamanho é pequeno. Não é exclusivo de nenhuma classe particular. Todo o mundo manipula botões o dia inteiro, seja para tocar uma campainha, acender uma lâmpada, ou pôr em movimento um mecanismo ou — situação extrema — a guerra atômica.

Quer sejam únicos, como o botão elétrico, quer estejam agrupados, como no teclado do telefone, eles tendem a substituir tudo o que gira, rola e vira. Tecla ou botão, o princípio é o mesmo. Graças a eles, provocamos uma ação pelo simples fato de apertá-los. O botão é a tradução mecânica da ordem militar. Apertando o botão, comandamos as máquinas, os aparelhos e afirmamos assim a nossa dominação sobre o mundo maquinal. E quanto mais leve for a pressão, mais nobre será o gesto. As teclas de contato ou as telas táteis tornam o botão imaterial, mas ele continua presente. Na sociedade "aperta-botão", o homem se orgulha de afirmar assim a sua superioridade sobre os seres que criou.

Isso conota uma certa pretensão. Será que foi o homem do século XX que inventou o botão? Ou foi um ancestral longínquo? Uma modesta pesquisa sobre as origens e a evolução do botão nos permitirá saber um pouco mais. Mas cuidado: quando se começa uma especulação desse tipo, nunca se sabe o que se vai descobrir, e a pesquisa talvez se revele menos inocente do que o previsto.

DA PLANTA À LÂMPADA

Vamos começar por uma pista evidente e geralmente produtiva: vamos interrogar o *nome* do objeto. Para isso, dispomos de dicionários e enciclopédias, que são nossos fichários de identificação, e a partir dos quais podemos refazer o fio da história. No caso do botão, a pista não parece ser favorável. Depois do botão da planta, da pequena protuberância na pele, do botão de roupa, os dicionários passam muito acessoriamente para o "interruptor de um aparelho elétrico, de um sinal sonoro etc." (*Petit Larousse,* 1981, p.132), tendo como exemplo o botão de campainha. Não me detenho nos outros botões, que não nos serviriam de nada e nos desviariam do nosso objetivo.

Primeiro, quero responder a esta simples pergunta: por que se chama *Botão* a esse pequeno objeto que se aperta? Pode-se imaginar que o gesto de apertar nos leve à origem da palavra botão, que provém do verbo *botar*. Mas essa etimologia tentadora é apenas, na verdade, uma simples coincidência. É claro que o sentido primeiro da palavra botão vem da planta, e que a forma dessa protuberância permitiu a transferência do termo para todos os pequenos corpos proeminentes, sejam eles naturais ou artificiais. Como precisa Alain Rey, "por analogia com a forma da peça do vestuário, *botão* se diz a respeito de uma pequena esfera que serve para pegar diversos objetos (1380), para manobrar uma porta (1471)" (Rey, 1998, t.I, p.493).

Voltemos por um momento ao nosso objeto e vejamos como o "enxerto" pegou, da planta à lâmpada. Há algumas décadas, o principal botão que utilizávamos era o botão elétrico. Evidentemente, hoje manejamos um interruptor de básculo, mas, anteriormente, *girava-se* o botão para acender a luz ou apagá-la. Girava-se essa pecinha de madeira ou de baquelite, como se gira uma maçaneta de porcelana, tão difícil de manejar, para abrir a porta. As casas antigas ainda possuem esses pequenos botões nos armários, caixas, escrivaninhas, decorados com motivos esculpidos em forma de um... botão de flor. Essa poderia ser a origem do nosso botão, já utilizado em máquinas no século XVII, como a máquina de multiplicar de Grillet, cujos cilindros eram girados "por meio de um botão que está preso a cada uma dessas lâminas".

Primeira hipótese: o botão de flor seria, pois, o ancestral bem vivo do nosso interruptor elétrico, e os botões nas portas dos armários seriam os parentes intermediários. Antes de serem pressionados, eles eram girados.

UMA TECLA MUSICAL

Fiz rapidamente alusão ao teclado do telefone, no início deste capítulo. Deixemos por um instante a palavra, para observar o *uso* do nosso botão de apertar. Há outros objetos que são pressionados, para que se possa obter alguma coisa? Pensamos imediatamente na *tecla*, que se distingue do botão essencialmente pela sua utilização "gregária". O botão é geralmente solitário, ao passo que a tecla está sempre em grupo.

Se a tecla invadiu nossos computadores, nossos controles remotos e nossas calculadoras, foi nos instrumentos de música com teclado que ela nasceu. A origem da palavra *touche** não poderia ser mais clara: toca-se o teclado com os dedos; as palavras italianas *toccare* e *toccata* nos lembram disso. Em contrapartida, ao passo que a tecla evoca o gesto, o *clavier*** nos leva de volta à técnica. Na etimologia dessa palavra, encontramos a *chave* — aliás, nossos vizinhos anglo-saxões o chamam de *key-board*, literalmente "prancha para chaves". Mas de onde vêm essas chaves? Mais uma vez, da música, quando os teclados permitiram tocar diferentes instrumentos com gestos similares à obturação das perfurações dos instrumentos de sopro. Afinal, essa filiação é muito simples. A flauta era, originariamente, um simples tubo com perfurações. Para aumentar a tessitura do instrumento, e levando-se em conta que os dedos são curtos demais, apareceram no começo do século XVI peças mecânicas que se assemelhavam às chaves das fechaduras e permitiam aos dedos do instrumentista atingir as perfurações mais afastadas. Assim, o dedo não mais efetuava diretamente o fechamento da perfuração, mas, apertando a chave, *comandava* um dispositivo mecânico que realizava a tarefa. Quer se trate da chave, quer da tecla do teclado, o gesto do dedo e a função do objeto continuam idênticos.

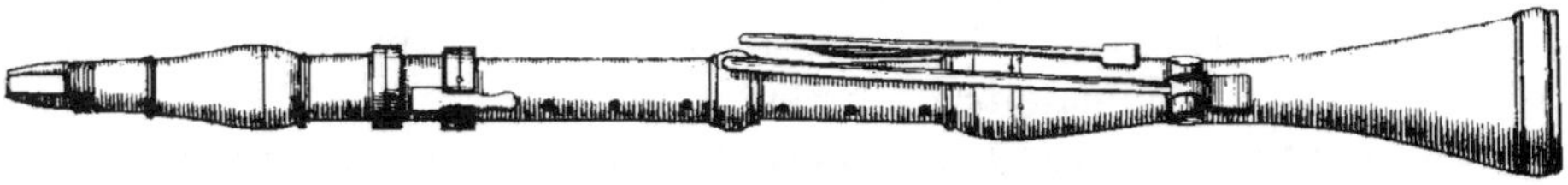

Desenho de flauta com duas chaves. *Enciclopédia* de Diderot.

Mecânica e música se entendem bem desde a Antigüidade. Mas, a partir do século XVIII, a mecânica do teclado assume uma importância crescente. A sociedade musical foi "aperta-botão" bem antes das outras... Foram mecânicos que construíram o mais antigo dos instrumentos de teclado, o órgão. Mas esses primeiros órgãos hidráulicos, saídos da imaginação de Ctesíbio há mais de 22 séculos, ainda não tinham as teclas do teclado de hoje. A introdução do

* Francês para "tecla". Essa palavra é da mesma família do verbo *toucher*, tocar, como lembra o próprio texto. (N.T.)

** Francês para "teclado". Em português, temos a palavra "claviculário", com a mesma etimologia de *clavier*, mas com outro significado: aquele que é responsável pelas chaves ou móvel onde se penduram chaves. (N.T.)

ar nos tubos era então comandada por cabos puxados com a mão. Esses *puxadores* subsistirão até a Idade Média, associados a uma música que se limitou por muito tempo às notas de duração prolongada. Se os puxadores desse órgão primitivo parecem muito distantes, por sua forma, do nosso botão de hoje, eles ilustram perfeitamente a função comum de comando de um dispositivo *amplificador*.

O que significa o botão, senão essa pequena causa que produz grandes efeitos? Esse é o caso do órgão: provido de uma reserva de ar comprimido, pode produzir uma grande potência acústica quando, acionando-se a corrediça ou a tecla, envia-se o ar sob alta pressão para os tubos.

O botão: uma pequena causa que produz grandes efeitos.

Esse mesmo princípio acompanhará a tecla e o botão ao longo de sua história, na balestra gigante de Leonardo da Vinci, no manipulador de Morse, na campainha ou na máquina de escrever.

É nas primeiras catedrais que o *organistrum* surge; esse instrumento surpreendente comporta duas inovações importantes. Uma não nos interessa aqui: é a manivela, que aparece pela primeira vez em uma "máquina". A outra é o advento de um teclado munido de teclas que são pressionadas. Esse velho gigante, destinado ao mesmo uso que o órgão, apresenta, curiosamente, mais de um ponto comum com este. Além do teclado e do uso religioso, o *organistrum* também oferece a ilustração do princípio de amplificação. Dois homens e duas funções em cada um dos casos: o músico que "toca" no teclado, o ajudante que fornece a energia motora, bombeando num caso, fazendo girar a roda no outro. Além do princípio de funcionamento, assistimos a uma quase caricatura da nossa sociedade industrial, através da separação maniqueísta das tarefas materiais e intelectuais. O historiador de música Jacques Chailley já observava o fato, e parece que ele tinha razão: certas formas musicais teriam sido diretamente influenciadas pela evolução dos instrumentos de música, máquinas freqüentemente muito avançadas, do ponto de vista técnico. "Fragmentos de texto e deduções quanto a uma miniatura do século XII, mais ainda do que o nome *organum*, cujas acepções são múltiplas, permitem-nos responder com razoável certeza que essas longas notas do *organum* são provavelmente um testemunho da entrada na Igreja do grande órgão, de teclas pouco manejáveis, em forma de puxadores, manobradas com a mão." (Chailley, 1969, p.109.)

Dois velhos do Apocalipse tocando o *organistrum*, segundo um baixo-relevo anônimo do século XII, na catedral de São Tiago de Compostela.

O teclado medieval se refinará, adaptando-se, pela forma e pelo toque, à morfologia e à potência dos dedos. Mas continuará sendo um órgão mecânico exclusivamente musical até a revolução industrial.

Assim, seria injusto evocar a tecla do instrumento de música sem falar das armas. Fiz uma breve alusão à balestra de Leonardo da Vinci. Quer se remonte até às máquinas de guerra da Antigüidade, quer se considerem as armas de fogo atuais, faz-se a mesma constatação: a função do gatilho da arma é a mesma que a do botão, isto é, provocar uma ação de grande envergadura a partir de um gesto mínimo. E, pouco a pouco, como no caso do teclado moderno, a técnica, durante muito tempo apenas mecânica, tende a associar-se à eletricidade para a função de comando, entrando no campo das armas pesadas, das cargas explosivas, e agora das armas de mão.

Tendo nos afastado do botão, ao falar de teclas, órgãos, música medieval ou armas, finalmente tocamos — ouso dizer — a própria *função* do botão.

Essa segunda análise nos levou para bem longe do botão de flor, como a palavra e a forma do nosso objeto sugeriram inicialmente. Eis o botão descendente da tecla, órgão de comando de um dispositivo amplificador de potência, com as aplicações mais extremas. Vamos tomar agora o caminho do mundo industrial, para ver se nosso fio de Ariadne não se romperá nas engrenagens do maquinismo.

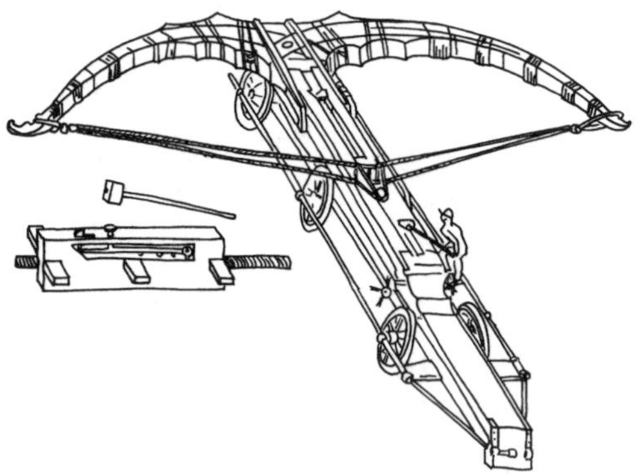

Desenho da balestra gigante de Leonardo da Vinci.

A ERA DO BOTÃO INDUSTRIAL

Com a era industrial, uma máquina — a máquina de escrever — e uma energia — a eletricidade — assumem um papel capital na grande história do nosso modesto objeto. Enquanto até o século XIX só os músicos usavam um teclado, eis que aparece, com a máquina de escrever, uma nova categoria de funcionárias, as datilógrafas. O estudo detalhado das interações entre instrumentos de teclado e máquinas de escrever em meados do século XIX nos revelaria conclusões muito ricas para o conhecimento dos processos de evolução dos objetos técnicos, através daquilo que se chama "transferência de tecnologia". Assim temos, de um lado, teclas que produzem *sons*, e de outro lado teclas que produzem *sinais*, no caso as letras do alfabeto, os algarismos e um certo número de sinais tipográficos. Assim como o teclado "coloniza" (Haury, 1988) todas as famílias de instrumentos de música desde o século XVIII, assim também ele deixará o mundo da música para instalar-se nos escritórios e depois nas casas.

Inicialmente, assiste-se a uma primeira mutação. Um instrumento de teclado, que aparece por volta de 1830, terá um teclado de um tipo completamente novo. É o acordeon, com suas "teclas-botões" redondas, e não retangulares. Além do mais, as teclas se situam agora em várias fileiras. Não são apenas as exigências da ergonomia ou da economia de espaço que provocam essa disposição, mas, como para tantos outros objetos, é a estrutura da máquina que dita as suas leis, antes de tudo. Nos instrumentos de cordas, a disposição destas impõe um afastamento mínimo entre as teclas. Num acordeon, ao contrário, as palhetas podem ser distribuídas em quincôncio e as teclas podem ficar muito próximas, para tornar o instrumento mais facilmente manejável.

Acordeon diatônico com teclas-botões, meados do século XIX.

No momento em que aparecem as primeiras máquinas de escrever, a mesma tendência fará com que elas tenham um teclado com botões. Mas essa aproximação das teclas é aqui uma necessidade. Efetivamente, logo que se adota o sistema de toque "em cesto", nos anos 1860, é indispensável dispor as teclas em vários níveis, para reduzir ao mínimo os comandos mecânicos.

Desde o fim do século XIX, com a expansão considerável da máquina de escrever, os dedos dos músicos não têm mais o monopólio do toque sobre botões. Eles são alcançados e depois ultrapassados pelos dos datilógrafos. E posteriormente essa tendência aumentará mais.

POR QUE QWERTY?

AZERTY e QWERTY são os nomes usuais para designar os teclados francês e anglo-americano dos computadores, de acordo a seqüência de letras que compõem o começo da primeira linha. A origem dessa curiosa seqüência remonta às primeiras máquinas de escrever. O gráfico americano Chistopher Latham Sholes foi o primeiro a planejar e construir, em 1868, uma máquina de escrever, cujo princípio já era o das máquinas mecânicas clássicas: teclas e alavancas. As alavancas com os caracteres estavam dispostas em círculo sob o papel e este se enrolava em torno de um cilindro. Dois defeitos principais caracterizavam essa máquina: não se podia ler imediatamente o que se escrevia — para isso, era necessário suspender o rolo — e, principalmente, as alavancas se entrechocavam quando letras muito próximas eram acionadas rapidamente. Sholes precisou de vários anos para aperfeiçoar o mecanismo de transmissão e a disposição das letras no teclado, a fim de limitar o segundo inconveniente. Valeu-se, em especial, de um estudo que mostrava a freqüência dos pares de letras mais utilizados na

→

sua língua, como o par TH. Efetivamente, vemos que a segunda linha do teclado corresponde à primeira parte do alfabeto (de A a M), com a exclusão das letras B, C, E e I. Provavelmente, uma reminiscência do protótipo de Sholes, que comportava apenas duas linhas de teclas: de A a M e de N a Z. Aliás, a primeira linha basta para escrever as palavras "*type*" e "*writer*", ou seja, uma parte do nome dado por Remington, um fabricante de armas que produziu em série a máquina de Sholes, a partir de 1874, com a marca "Sholes & Glidden Type Writer". Parece que os engenheiros da firma de Remington modificaram a ordem das letras de modo que os vendedores pudessem demonstrar para os clientes a velocidade de toque da máquina escrevendo o seu nome. O teclado universal do início do século XXI teria a sua origem numa simples "esperteza" de marketing?

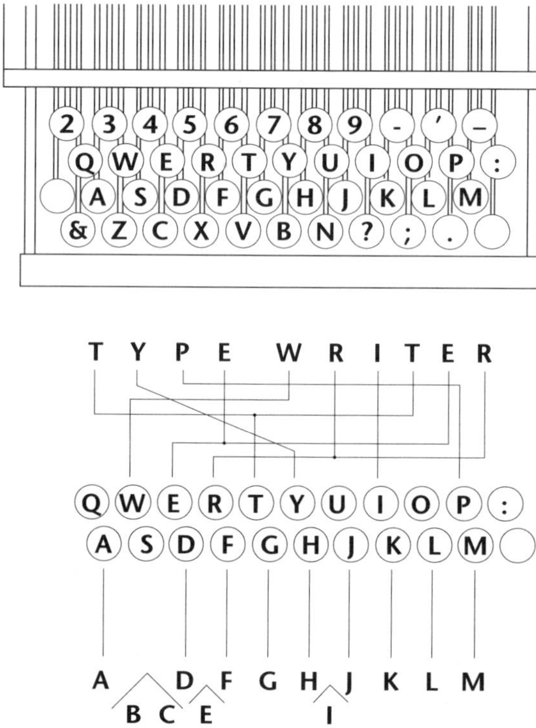

O teclado QWERTY da máquina de escrever de C.L. Sholes, produzida por Remington em 1874.

Máquina de escrever de Giuseppe Ravizza, 1855.

O segundo fenômeno que contribuirá para fazer da nossa civilização industrial ocidental uma sociedade "aperta-botão" é a eletricidade, e foi inaugurado pelo telégrafo do americano Samuel Morse. O "manipulador" que ele inventa em 1837 é realmente o primeiro botão elétrico moderno. Fazendo uma leve pressão sobre o manipulador, envia-se um sinal elétrico, que vai disparar uma ação muito longínqua. Esse pequeno aparelho não tem a forma simples do botão de apertar, mas esta é a única diferença. A pressão sobre a cabeça do manipulador aproxima duas peças metálicas, cujo contato permite a passagem de uma corrente elétrica. Quando distendida, uma mola reconduz o manipulador à sua posição inicial e corta a corrente.

Aliás, com o desenvolvimento do telégrafo, assiste-se à volta momentânea do teclado de piano a um terreno não-musical. Efetivamente, graças à

Desenho de um manipulador de Morse, por volta de 1880.

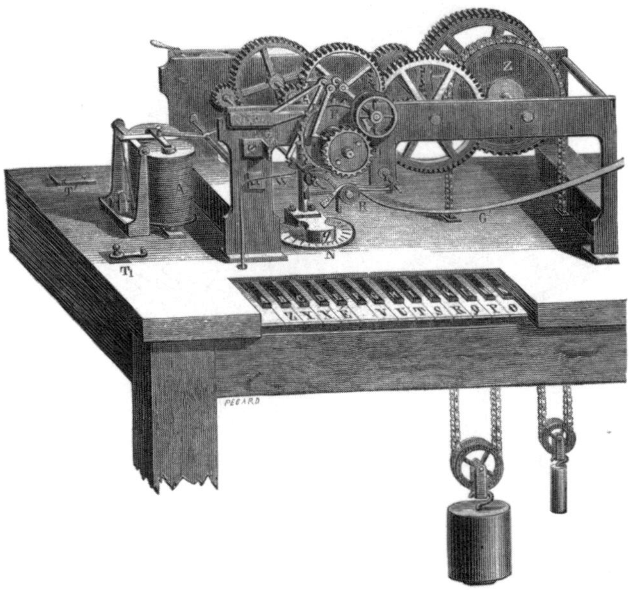

Telégrafo elétrico de Hughes, com teclado de piano, 1855.

eletricidade, não é mais necessário obrigar os dedos a se submeterem à disposição justaposta das teclas. Como a máquina de escrever ainda não impusera o seu teclado como modelo, utiliza-se muito logicamente nesses telégrafos o teclado dos instrumentos de música, cujas teclas brancas e pretas são atribuídas aos diferentes caracteres alfanuméricos a serem transmitidos. É assim que aparecem o telégrafo com teclado de Gustave Froment (1860) e, no terreno das máquinas de escrever, o "piano de escrever" de Carmier (1858), originário da Franche-Comté, e outros *cembali a scrivere*.[1]

Os fios que transportam os sinais elétricos apresentam a particularidade, entre todos os sistemas mecânicos, de poder implantar botões de comando exatamente onde se quiser. Com esses telégrafos providos de um teclado de piano, assiste-se a um fenômeno análogo à chegada da eletricidade às oficinas. As máquinas não são mais implantadas nas fábricas em função da disposição dos equipamentos que transmitem a energia mecânica. Liberadas dessa limitação graças à energia elétrica, elas podem ser instaladas segundo uma organização da produção ditada pela gama de fabricação, pelo fluxo dos materiais e dos produtos. Do mesmo modo, será adotado, para os telégrafos, já nos anos 1870, o teclado de comando da máquina de escrever, impondo-se esse teclado como interface universal entre o homem e todo tipo de máquinas que tratam textos alfanuméricos.

1. Ver o capítulo "O vivo e o artificial".

Assim, desde o fim do século XIX, o advento da eletricidade não tardou a fazer do botão de apertar o símbolo da dominação do homem sobre a máquina. Antes, o homem devia adaptar-se à máquina, essencialmente mecânica, e cuja complexidade exigia freqüentemente um grande número de manetes, alavancas, registros etc. Depois, foi a máquina que se adaptou ao homem. Com a chegada da eletricidade, os comandos podem ser agrupados em *painéis de bordo* cobertos de botões, que transmitem cada um uma ordem precisa para as diferentes partes da máquina. Os painéis dos carros nos fornecem um exemplo cotidiano dessa profunda modificação.

VOLTA À ORDEM

A proliferação das formas, funções e concepções técnicas dos diferentes botões, que acabamos de passar rapidamente em revista, ilustra uma vez mais a dificuldade de evidenciar os processos de evolução dos objetos técnicos. Para fazer um paralelo com o mundo vivo — voltarei detalhadamente a essa questão num próximo capítulo — constata-se que a idéia habitualmente aceita de que os animais e as plantas, como os objetos técnicos, evoluem segundo um processo linear que vai do simples para o complexo, do "primitivo" para o "desenvolvido", é freqüentemente contrariada.

No que se refere ao botão, a evocação de sua história que acabo de fazer, através da música, das armas ou das máquinas de escrever, não basta para elucidar completamente o status de emblema, de símbolo da sociedade moderna, de que esse objeto goza no imaginário técnico ordinário das populações dos países ditos civilizados. Para isso, é preciso voltar à idéia de *ordem* que lembrei nas primeiras linhas. Parecia-me, à medida que prosseguia a minha pesquisa, que faltava um elemento para tornar essa argumentação verdadeiramente coerente. Na verdade, os instrumentos musicais com suas teclas, as armas de fogo com seus gatilhos, os interruptores elétricos com suas formas primitivas de pequenos registros, por um lado não representavam verdadeiros botões que se pressionam com o dedo; por outro lado não estavam difundidos no seio da população em escala suficientemente larga para elevar o botão à posição de mito popular.

O primeiro elemento que me orientou foi a volta aos dicionários do século XIX, época de expansão industrial, quando tudo tomou uma outra dimensão no nosso problema particular, segundo creio. Ao passo que esses grandes dicionários técnicos, como a *Enciclopédia* de Diderot, seu ilustre ancestral, davam-me apenas descrições detalhadas sobre a fabricação dos botões de roupas, algumas linhas da *Grande encyclopédie* do século XIX atraíram a minha atenção. No tomo VII, entre as oito páginas dedicadas ao botão (p.876-83), o autor do artigo menciona, no título III, dedicado à serralheria, diferentes tipos de botões — de básculo, deslizantes, de cordão... — cuja forma proeminente e cuja função correspondiam ao meu botão moderno, mas que eram acionados *puxando* e não empurrando. Seria uma simples curiosidade lexicográfica?

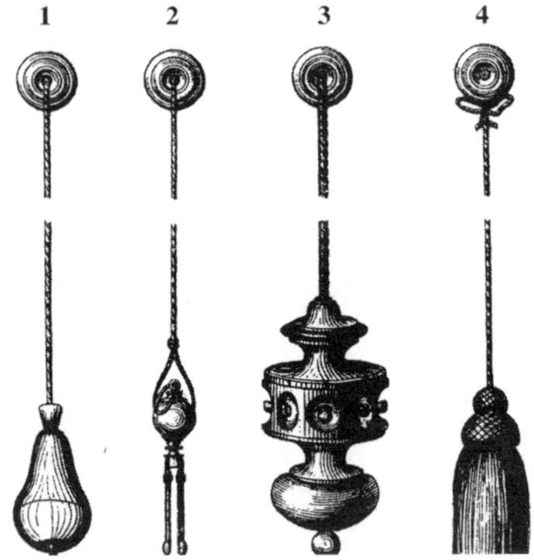

Diferentes tipos de botões de cordão de campainha em *La Nature*, 1882.

A menção às campainhas me convenceu a prosseguir nesse sentido: "Os *botões de cordão* de campainha são redondos, de cobre e se instalam nas portas de entrada de casas ou apartamentos." Então, tive a confirmação desse elemento maior da história do botão em um artigo publicado em *La Nature*, célebre revista de divulgação científica do século XIX. Em algumas páginas dedicadas às campainhas elétricas, o autor começa declarando: "A aplicação mais antiga e certamente a mais difundida da eletricidade no uso doméstico foi, sem dúvida alguma, a campainha" (Hospitalier, 1882).

Esse artigo — ilustrado, é claro — nos sugere duas conclusões essenciais: primeiro, o botão "comum", que entrou na vida doméstica no fim do século XIX, foi o botão de campainha; em segundo lugar, o termo "botão", a partir de então usado para aquilo que se *empurra*, era usado primitivamente para algo que se *puxa*. Para confirmar essa segunda conclusão, citarei uma descoberta fortuita que fiz no Museu de Artes e Ofícios, quando de uma visita à antiga sala consagrada aos têxteis, comentada por uma colega especialista na área. Dois teares, provavelmente dos séculos XV e XVII, são chamados "teares de botões", pois a seleção dos fios da cadeia a serem levantados é feita por tração em cordões munidos de "botões" exatamente análogos aos botões de campainha mencionados no século XIX.

Reunidos todos esses elementos, restava-me apenas reconstituir o quebra-cabeça e propor a explicação a seguir. Há muito tempo, talvez desde o século XVIII, as casas burguesas eram dotadas de sinetas de portal acionadas por um cordão. Tal sistema foi pouco a pouco introduzido no interior das casas, para chamar os criados. Essa campainha, com o seu *botão de cordão*, constitui um sistema destinado a *dar uma ordem*. Quando da chegada da eletricidade, o ponto de ligação do botão foi primeiro substituído por um contato elétrico, por "recuperação do existente"[2] que seria sucedido por uma pêra* e depois por um simples botão de pressionar, situado perto da lareira ou sob a escrivaninha.

Um duplo movimento se produzirá em fins do século XIX. Por um lado, a chegada da eletricidade ao mundo burguês e urbano vai banalizar o botão de pressionar das campainhas elétricas. Por outro, durante o século seguinte, a sua generalização vai prosseguir, nas habitações urbanas dotadas de botões de campainha perto das portas de entrada dos prédios.

Sem dúvida, a eletricidade tem um papel fundamental nessa banalização do botão, mas sua origem nos meios mais abastados lhe deu o seu caráter de ordem, tão essencial na sua imagem. A exemplo das primeiras palavras de Graham Bell, pronunciadas ao seu telefone em 1876 — *"Mr. Watson, come here, I want you"* —, o botão serviu durante muito tempo para dizer: "Firmin, venha imediatamente, preciso de você."

E hoje, quando digitamos no teclado do nosso computador, usamos o telefone ou o controle remoto da televisão, não fazemos outra coisa senão ordenar: "Máquina, faça o que eu quero!"

---

2. Ver o capítulo "Tecnologia e evolução".

* Interruptor com a forma dessa fruta. (N.T.)

3 Questão de bom senso

Todo ano traz sua coleção de novidades para a vida doméstica. Assim, com o desenvolvimento das cozinhas modernas, apareceram fogões ditos "mistos", que oferecem ao usuário, simultaneamente, as vantagens do cozimento a gás e a eletricidade. Essa inovação associa a rapidez de aquecimento do gás com a flexibilidade e a comodidade da eletricidade. Mas os primeiros adeptos dessa novidade doméstica certamente observaram uma esquisitice que, felizmente, tende a desaparecer com o tempo.

Uma simples observação dos botões que comandam tanto as placas elétricas quanto os queimadores de gás desses equipamentos mistos mostra que o gesto que deve acionar esses diferentes dispositivos varia freqüentemente, de acordo com o modo de cozimento escolhido. Ao passo que, na totalidade dos casos, abre-se o gás virando o manete para a esquerda, os manetes das placas elétricas não têm um sentido padrão. A critério dos fabricantes, eles devem ser manipulados ora num sentido, ora no outro. Uma rápida pesquisa efetuada em algumas grandes lojas de eletrodomésticos em 1996 deu resultados surpreendentes. Minha amostra, evidentemente "não-representativa", era constituída de 160 fogões, divididos em 46 aparelhos mistos, 64 apenas elétricos e 50 apenas a gás. No grupo dos aparelhos mistos, os botões de comando das placas elétricas eram girados ora no sentido dos ponteiros do relógio (20 aparelhos), ora no sentido contrário (26).

Numa sociedade fortemente industrializada, em que a normatização é onipresente, essa coexistência, em um mesmo objeto técnico, de dois gestos opostos para uma ação similar é uma curiosidade ainda mais surpreendente, pois, nos aparelhos com uma única fonte de energia, a homogeneidade é a regra: os aparelhos exclusivamente a gás têm, sem exceção, botões que se viram para a esquerda, e os aparelhos exclusivamente elétricos, na sua grande maioria, botões que giram no sentido oposto. Essa ergonomia desconcertante é deixada ao arbítrio dos fabricantes; é como se, respeitadas as devidas proporções, se fabricassem relógios cujos ponteiros girassem ao contrário ou livros que começassem na última página! Sem dúvida, essa comparação é ousada, pois o gesto para aquecer a panela é rapidamente memorizado e o incômodo é limitado. Apesar disso, observaremos que se trata de uma questão que põe em jogo a segurança das pessoas e, em tais circunstâncias, os fabricantes são em geral atentos à manipulação dos aparelhos pelos usuários.

Para compreender as razões dessa aparente incongruência, vamos analisar, sucessivamente, os dois tipos de objetos. A explicação do sentido de rotação dos botões de gás pode ser dada facilmente, mas veremos depois que, quanto à eletricidade, as coisas são um pouco mais complicadas.

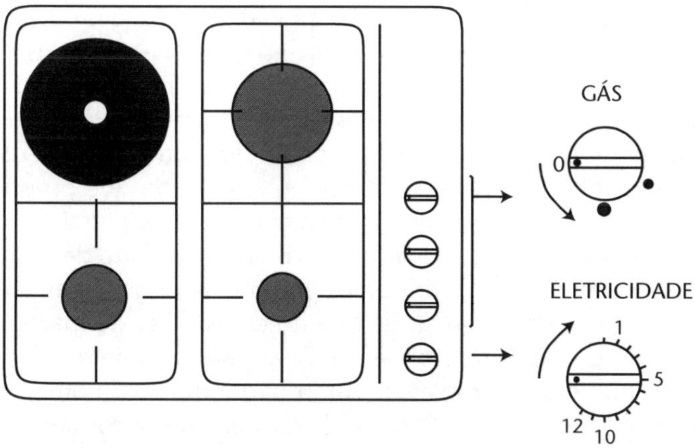

Um fogão misto gás-eletricidade, com os dois sentidos de rotação dos botões.

160 FOGÕES			
64 SÓ ELÉTRICOS	50 SÓ A GÁS	46 MISTOS	
NA MAIORIA 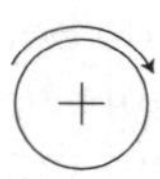	NA TOTALIDADE 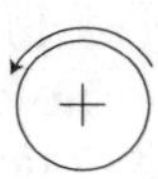	20 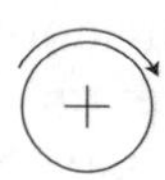	26 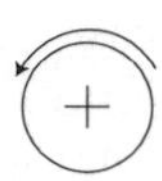

Quadro de repartição dos sentidos de rotação dos botões dos fogões, em função da energia utilizada.

POR QUE O "VIRA-À-ESQUERDA" VIRA PARA A DIREITA

Por convenção, diz-se que uma peça em rotação, diposta diante do observador, *vira à direita* quando se faz essa peça girar no sentido dos ponteiros do relógio. Pela mesma convenção, o *passo** *à direita* de um parafuso permite que este penetre numa peça, quando se gira a sua cabeça para a direita, isto é, no sentido dos ponteiros do relógio. Mas nem tudo é assim tão simples.

A grande família das ferramentas tem dois tipos de ferramentas que se chamam *tourne-à-gauche.*** Menciono apenas de passagem a *travadeira,* utilizada para ajustar os dentes de uma serra, um pequeno instrumento munido de três sulcos que servem para torcer ligeiramente os dentes da serra, ora para a direita, ora para a esquerda, de modo a aumentar-lhe a largura de corte. O que me interessa mais é um outro *tourne-à-gauche,* e mais precisamente uma parte de ferramenta, mais do que propriamente uma ferramenta. Esta é na realidade uma alavanca que permite girar uma broca ou pua inserida no furo quadrado existente no centro dessa alavanca.

O pequeno arco de pua comprado na loja de bugigangas para fazer furos é de metal, o grande arco de pua do carpinteiro, do marceneiro ou do sapateiro é de madeira e pode medir até 80 centímetros de comprimento. É aí que está o problema: como não indica seu nome, o *vira-à-esquerda* gira para a direita. Para cavar ou abrir um furo, age-se com a ferramenta no sentido dos ponteiros do relógio. De onde vem esse estranho paradoxo? Na verdade, é preciso ver um trabalhador utilizar essa ferramenta para compreender o seu nome. Quando o carpinteiro faz um furo com a broca que ele instalou no arco de pua, deve realizar um esforço considerável. Para isso, ele empurra com o corpo a parte *esquerda* da alavanca. O nome preciso deveria ser "gira-quando-se empurra-à-esquerda". Mas vamos combinar que "vira-à-esquerda" é mais prático.

POR TRÁS DO BOTÃO, UMA TORNEIRA

No caso do queimador de gás, a origem do sentido de rotação do botão parece evidente. O gás é um fluido e, como no caso dos líquidos, abre-se qualquer torneira girando para a esquerda. O botão do fogão a gás tem um estilo de acordo com o design do aparelho, mas afinal é apenas um registro adaptado

* O passo neste caso, conforme o *Dicionário Houaiss*, é a "distância entre dois dentes de uma engrenagem ou entre dois filetes de uma hélice (rosca)". (N.T.)

** Literalmente, *vira-à-esquerda*. Essa denominação não é usada em português. (N.T.)

ao uso doméstico, abrindo-se da mesma maneira que o do fogareiro de camping, do botijão de gás ou da pia.

Mas a questão não está resolvida. Por que todas as torneiras se abrem girando para a esquerda? Poderia muito bem ser diferente. Prosseguindo nosso caminho em direção às fontes, parece que a razão desse sentido de rotação é técnica. Uma torneira é, tradicionalmente, constituída de um parafuso que, girando, permite a um disco munido de uma rodela de borracha aplicar-se sobre a sede do duto de chegada do fluido. Assim, a rotação do parafuso no sentido dos ponteiros do relógio acarreta a obstrução do duto e a interrupção da passagem do fluido. É, pois, o sentido da rosca do parafuso que está na origem do sentido de manipulação do nosso botão de gás. Por convenção, esse passo é "para a direita", há centenas de anos, salvo raras exceções. Se remon-

Prensa de gráfica, na qual se vê que o trabalhador aperta o parafuso com a mão direita. Segundo uma gravura anônima sobre madeira do século XVI.

tamos ainda mais no tempo, constatamos que toda a iconografia das prensas de imprimir do Renascimento nos mostra que se aperta o parafuso de pressão acionando uma alavanca disposta de modo que o operador a pegue com a mão direita, o que se deve provavelmente ao fato de que a maioria dos homens são destros. Certamente, poderíamos também remontar às prensas para óleo ou vinho, ou aos parafusos de Arquimedes da Antigüidade, para ver se o passo à direita já estava em uso. De qualquer forma, consideraremos, como primeira dedução, que a origem do sentido de rotação do botão dos queimadores de gás é de ordem "tecnológica". Vamos voltar agora aos nossos fogões e analisar o caso, mais sutil, da eletricidade.

POR TRÁS DO POTENCIÔMETRO, UM PONTEIRO

Se a torneira serviu de modelo para o botão de gás, o que levou o botão elétrico a adotar um sentido oposto? Pois não se trata de um "tudo-ou-nada", como no comutador elétrico, mas de uma *variação* de potência. Ora, a tradição manda que se aumente a potência de todo aparelho elétrico girando o botão no sentido dos ponteiros do relógio, a exemplo dos potenciômetros dos rádios, aparelhos de som... Qual a razão dessa convenção?

É preciso remontar às origens desses objetos elétricos e pensar em todos os aparelhos de mensuração — voltímetros, amperímetros, wattímetros — que, a partir do século XIX, indicam um valor crescente quando o ponteiro se desloca para a direita. Aliás, essa convenção não é exclusiva das medidas elétricas; a pressão indicada pelos manômetros ou o peso mostrado nos dinamômetros ou nas balanças de mola e de mostrador são outros exemplos muito comuns há um ou dois séculos. Em todos os aparelhos em que o mostrador digital ainda não substituiu o mostrador analógico, ocorre o mesmo. Se o

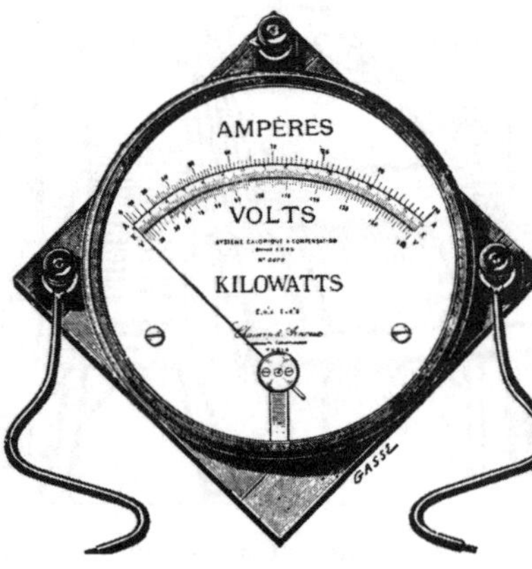

Amperímetro-voltímetro Chauvin & Arnoux, por volta de 1930 (Desarces, 1933).

valor indicado pelo ponteiro aumenta quando este gira no sentido do relógio, faz sentido que o gesto utilizado para produzir esse valor seja o mesmo. Observe-se enfim que, no caso em que o mostrador não é completo, a leitura dos valores crescentes mostrados coincide com o sentido de leitura da esquerda para a direita da escrita greco-latina, o que só pôde favorecer a sua generalização. Um bom exemplo são os antigos aparelhos de rádio, cuja gama de ondas era superposta ao botão de sintonização das estações.

Notaremos, pois, que todos os usuários de aparelhos elétricos recorrem ao mesmo gesto, calcado, com um bom senso evidente, na indicação dos mostradores. Diga-se de passagem que essa é uma vantagem que não têm aqueles que trabalham com equipamentos de aquecimento ou dirigem locomotivas a vapor, pois devem abrir os registros no sentido inverso à indicação dos termômetros ou dos manômetros.

Tão longe quanto se possa remontar na história dos instrumentos de medida com mostrador, a saber pelo menos até o século XVIII, constata-se que eles são construídos segundo as mesmas convenções de sentido, isto é, indicam valores crescentes *no sentido dos ponteiros do relógio*. E sublinho essa fórmula, pois no caso foi realmente a indicação da hora que serviu de modelo para todos esses aparelhos. Essa filiação é ainda mais evidente, pois a maioria dos mostradores, de meados do século XVIII a meados do século XIX, adotavam, quaisquer que fossem as grandezas assim medidas, a forma circular dos mostradores de relógio, ao contrário dos nossos mostradores atuais, que geralmente cobrem apenas um setor limitado.

Ao fim dessa viagem ao passado, basta lembrar que o sentido no qual giram os ponteiros do relógio não é outro senão o da sombra do sol nos quadrantes solares, e isso desde a Antigüidade; deixamos então o mundo dos objetos técnicos e chegamos ao cosmo! O sentido de rotação dos botões dos fogões elétricos é, pois, ditado, ao fim dessa história multissecular, pelo sentido do deslocamento aparente do sol no céu. Eis como, para parafrasear

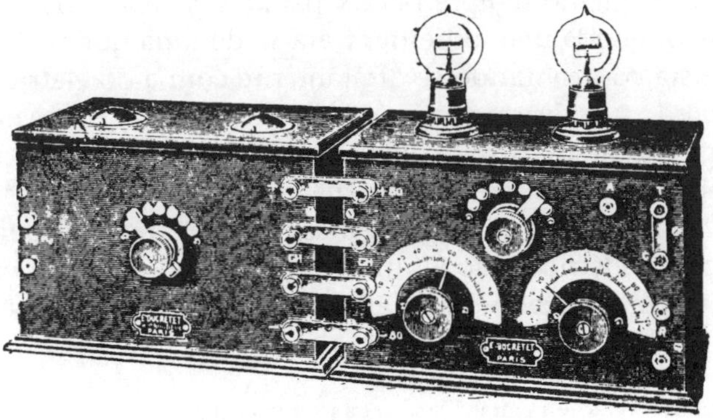

Aparelho receptor Ducretet, início do século XX (Desarces, 1933).

Aparelho de rádio colonial, tipo "região tropicalizada" (catálogo Manufrance, 1950).

Léon Foucault, quando abrimos o gás para esquentar o leite, "vemos a Terra girar".[1]

Antes de voltar aos fogões mistos, desejo responder a algumas objeções possíveis. Nos fogões a gás, por exemplo, o aumento de fluxo obtido pela rotação do manete não se faz, ao contrário das torneiras de água, de maneira progressiva, do fluxo mais fraco ao mais forte. Em geral, a chegada é cortada quando o sinal do botão está voltado para cima, é aberta totalmente quando o sinal está voltado para a esquerda, e o queimador fica no mínimo quando se gira o botão por um quarto de volta suplementar. Diversamente, os botões dos fogões elétricos, se são geralmente graduados de 0 a 6, girando no sentido dos ponteiros do relógio, podem ser abertos ao máximo passando diretamente de 0 a 6 por uma graduação para a esquerda. Segundo o mesmo princípio, podemos observar a distinção que existe entre conectores e termostato, sendo que os dois sistemas coexistem às vezes num mesmo fogão. Entretanto, essas diferentes observações não mudam nada no esquema mental associado à ação de aquecer uma panela: gira-se à esquerda num caso, à direita no outro.

Em resumo, quando constatamos hoje essa discrepância na manipulação de nossos fogões, compreendemos que o problema surgiu no dia em que duas tradições técnicas, desde sempre bem separadas, se encontraram no mesmo eletrodoméstico. Fundamentalmente, trata-se de uma questão de *cultura técnica*, a do gasista confrontando-se diretamente com a do eletricista.

Continuando a análise, poderíamos nos perguntar — uma vez que os queimadores de gás domésticos se desenvolveram pouco depois da invenção em 1855, por Robert von Bunsen, do queimador que ainda tem o seu nome (ou seja, mais de trinta anos antes das primeiras placas elétricas) — por que os construtores das placas elétricas não alinharam a sua ergonomia à dos aparelhos a gás, segundo um procedimento que, afinal, é lógico. A resposta não é de ordem

1. "Estais convidados a ver a Terra girar." Essa era a fórmula utilizada no convite para a demonstração pública da rotação da Terra, por meio do pêndulo de Foucalt, sob a cúpula do Observatório de Paris, em fevereiro de 1851.

técnica, mas de ordem cultural, e essa cultura está diretamente ligada à cultura de empresa. No campo do automóvel, os designers da Peugeot não têm os mesmos esquemas de criação que os da Renault. No campo da microinformática, a cultura PC opõe-se à cultura Mac. Muitas vezes, o objetivo principal não é, por parte dos planejadores, fabricar um produto que facilite a vida do usuário; é criar um objeto que afirme radicalmente a sua identidade, ignorando, voluntariamente ou não, a lógica própria aos objetos preexistentes. Esse fenômeno não é novo nem raro, e todas as empresas reagrupadas no interior de fusões ou absorções muitas vezes sofrem para superar a dificuldade que consiste em entrar na lógica de alguém que foi durante muito tempo um concorrente direto.

Do mesmo modo, as culturas de empresa dos gasistas e dos eletricistas são dificilmente compatíveis, e os fogões mistos simbolizam em parte essa divergência. Se encontramos hoje botões elétricos montados segundo duas convenções diferentes, é por causa do confronto de duas lógicas bem distintas: de um lado, uma *lógica de linhagem*, que determina a fidelidade à cultura técnica de um mundo dado e o respeito às suas regras; do outro lado, uma *lógica do uso*, a da ergonomia, que privilegia o usuário em relação ao planejador e quer facilitar os laços entre o homem e a máquina, buscando harmonizar os gestos naturais dos usuários.

A CONFLUÊNCIA

O caso de que acabo de tratar não é isolado. Existem muitos outros, embora não sejam notados facilmente. Quando uma nova máquina chega ao nosso universo cotidiano, levamos em conta o seu "modo de usar" — mesmo que nem sempre leiamos os manuais do fabricante — e adotamos sem muitas perguntas as novas práticas e os novos gestos que a máquina impõe.

Na *confluência* ilustrada aqui pelo exemplo do fogão misto, assistimos à passagem de um estado duplo para um estado único, efetuando-se essa mutação em três tempos, a exemplo do que ocorreu com a passagem da manivela para o arranque elétrico. Num primeiro tempo, estável, as duas linhagens — gás e eletricidade — se ignoram, cada uma com suas leis e, no caso, seu sentido de rotação para o acionamento dos aparelhos. Em um segundo tempo (que começou na França nos anos 1970), essas linhagens se reúnem, com o aparecimento dos fogões mistos: segundo a lógica em uso, uma diversidade se instala e uma das duas linhagens, a eletricidade, hesita entre dois sentidos de rotação. Encontramos então esses aparelhos híbridos, cujos botões devem ser girados em sentidos opostos, segundo a fonte de energia empregada para produzir o mesmo efeito. Enfim, vem o terceiro tempo, a volta à estabilidade — tempo que, para o nosso caso, ainda não chegou —, durante o qual a técnica dominante se impõe, deixando à outra apenas a possibilidade da desistência. Pode-se assim imaginar que, com o tempo, ao menos quanto aos fogões mistos, todos os botões adotem o mesmo sentido de rotação. Isso é apenas uma hipótese, mas já se pode observar uma tendência nesse sentido. Resta saber o que acontecerá com os fogões exclusivamente elétricos. Se, em virtude da lógica do uso, os botões elétricos dos fogões mistos adotarem a rotação "à esquerda", como o gás, pode-se imaginar, em virtude de uma nova lógica de linhagem, que os botões dos fogões exclusivamente elétricos adotem a mesma convenção. O futuro dirá que lógica vai predominar.

TECLADOS NUMÉRICOS

O caso dos fogões é evidentemente típico, mas há outros igualmente intrigantes, com os quais convivemos diariamente. O procedimento é idêntico ao que acabo de descrever, e não desenvolverei as suas origens tão detalhadamente. Trata-se do caso dos teclados numéricos, com os quais, todos os dias, compomos códigos ou números: telefones, caixas eletrônicos, teclados para senhas, teclados de computador.

Como na situação precedente, duas linhagens tiveram durante muito tempo existências independentes: a dos teclados das máquinas de calcular, popularizados a partir de 1887, com o *Comptometer* de Felt e Tarrant, cujos algarismos são dispostos em ordem crescente de baixo para cima, e a dos teclados de telefone, dispostos na ordem inversa, e que apareceram pela primeira vez nos Estados Unidos, na Seattle World's Fair de 1962.

Tudo ia muito bem enquanto os citados aparelhos ficavam cada um no seu lugar, claramente identificados por suas formas e materiais. Não tinha como haver confusão. As coisas começaram a se complicar com o desenvolvimento da informática. Pouco tempo depois que os teclados de computador, ainda muito marcados por sua origem aritmética, integraram ao seu teclado alfabético um "teclado numérico", a direção geral das telecomunicações lançou no mercado, em 1982, esse pequeno terminal mágico que é o Minitel. Mas ainda que, utilizado conjuntamente com o telefone, indispensável para o estabelecimento das comunicações telemáticas, o teclado do Minitel não parecesse necessitar de teclado específico para os algarismos, seus planejadores acrescentaram-lhe um teclado numérico; a lógica de linhagem, particularmente forte no mundo da telecomunicação, impõe então o teclado tipo telefone.

Dois conjuntos, o Minitel e o microcomputador, ambos dotados de uma tela, de um teclado alfabético e de um teclado numérico, adotam curiosamente duas convenções contrárias. Essa primeira etapa era, afinal, pouco incômoda enquanto o Minitel ficava nas residências e o computador nos escritórios. Mas, com o desenvolvimento da telemática, há uma década, os microcomputadores entraram nas casas e o Minitel, por sua vez, foi integrado ao microcomputador. Foi aí que tudo se complicou. A partir do teclado, calcula-se como se fazia antes, mas também se compõem, agora, números de telefone, e algumas vezes, inevitavelmente, nossos dedos não sabem mais o que fazer...

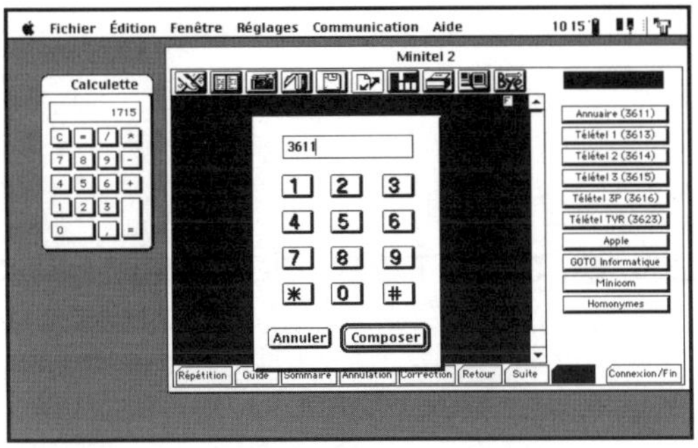

No mesmo painel de computador, podem-se exibir os teclados invertidos da calculadora e do Minitel.

Sem dúvida, esse uso é ainda relativamente limitado. Mas a confusão se instalou, e os novos aparelhos, nascidos no momento da confluência das duas linhagens — a do cálculo e a do telefone — sofreram as conseqüências. O exemplo mais claro é dado pelos teclados para pagamento por cartão bancário ou pelos caixas eletrônicos, que utilizam uma ou outra convenção, embora haja cada vez mais a tendência para se adotar o teclado de tipo telefônico. Na verdade, a escolha que se apresentava aos fabricantes não era evidente. Seria necessário adotar um teclado tipo calculadora, porque se tratava de *contar* dinheiro, ou então um teclado tipo telefone, porque se tratava se *comunicar* a distância com o banco? Mesmo problema com os terminais de pagamento por cartão bancário, portáteis ou de teclado móvel, que nos são apresentados nos restaurantes, grandes lojas, postos de gasolina, nos quais os dois tipos subsistem. De qualquer forma, se o terminal de pagamento serve para captar a soma a ser paga e a senha secreta, um dos dois protagonistas — o comerciante ou o cliente — ficará em dificuldade. Se o teclado for do tipo calculadora, será o cliente, e vice-versa. Aliás, é por isso que existe até um aparelho, curioso mas lógico, dotado de um suporte fixo para teclado de calculadora e de um suporte removível com teclado telefônico, ligado por um fio ao suporte!

É inútil continuar; resta a cada um observar esses estranhos fenômenos gerados por nosso mundo técnico, compondo refletidamente o número de telefone ou o número da senha, o que se faz, geralmente, de modo maquinal. O que acontecerá se o mundo das máquinas, por essência obrigado ao rigor e até à rigidez, adotar um comportamento imprevisível, coisa que até então os humanos acreditavam ser exclusividade sua?

4 Órgãos e gestos de máquinas

As máquinas exercem uma atração especial, por seu aspecto, seu movimento, sua potência, e porque seu funcionamento tem, à primeira vista, algo de misterioso. A sala dedicada à mecânica do Museu de Artes e Ofícios nos oferece o prazer de descobrirmos objetos técnicos sob o ângulo de fascinantes realizações artísticas. Essa sala surpreendente, cheia de mecanismos complicados, animados, não é fruto de uma simples vontade estética, de um desejo de acumular proezas mecânicas. Quando o acaso ou a curiosidade nos leva a examinar o interior de uma máquina de costura ou de uma caixa de câmbio, descobrimos então o que representam esses objetos.

Todas essas peças são, efetivamente, os tijolos elementares de um mundo maquinal, no qual os engenheiros sempre se inspiraram para realizar as máquinas-ferramentas, os engenhos de transporte, os autômatos mais diversos. Vejamos primeiro como um dos nossos mais ilustres mecânicos, Jacques Vaucanson (1709-1782), pôs em prática essa arte combinatória para realizar um tear inteiramente automático. Trataremos depois de como os engenheiros mecânicos do século seguinte tentaram elaborar uma "ciência das máquinas", com o objetivo de favorecer a inovação e a formação de novos técnicos.

O Conservatório Nacional de Artes e Ofícios francês, desde as suas origens, assumiu como missão formar esses homens da técnica através do exemplo, do modelo. Em meados do século XVIII, o gabinete de mecânica de Vaucanson, quando ainda se encontrava na rue de Charonne, era muito freqüentado, e não apenas por causa dos seus autômatos. Havia ali os modelos das máquinas inglesas mais modernas, notadamente na área têxtil. E foi no seu palacete de Mortagne, por volta de 1750, que esse mecânico inventou uma das máquinas mais admiráveis do século: um tear inteiramente automático. Apesar da perfeição lógica da máquina e do sentido agudo de "transferência de tecnologia" do seu inventor, esse tear, hoje exposto no Museu de Artes e Ofícios, é a testemunha do insucesso industrial do seu criador.

AS INOVAÇÕES DO TEAR DE VAUCANSON

Com esse tear automático para tecidos trabalhados, Vaucanson nos apresenta mais uma vez a difícil questão da *invenção* e de suas fontes. Como para muitas invenções nascidas depois do advento da era industrial, pode-se objetar que o tear de Vaucanson, afinal, é apenas a combinação engenhosa de órgãos de máquinas bem conhecidas, de soluções técnicas comprovadas com algumas idéias novas, chegando a um conjunto que "dá certo". No caso de que tratamos, é preciso, para compreender bem o interesse e o alcance dessa invenção, levar em conta a própria personalidade de Vaucanson, o estado da mecânica e das técnicas têxteis ao longo do século XVIII, assim como a vontade política do Estado de reerguer uma indústria que sofria forte concorrência estrangeira.

Podemos destacar três novidades maiores nesse tear: primeiro, o automatismo, depois o suporte da programação e enfim o sistema de passagem da lançadeira. Esses três elementos não existiam em nenhum tear construído até então e, aliás, não eram independentes entre si. Esse tear automatizado complexo foi elaborado em dois tempos. Em agosto de 1745, o engenheiro apresentou um tear automático para tecidos lisos, que lhe valeu o reconhecimento dos poderes públicos e dos jornais da época. O *Mercure de France* de novembro de 1745 louvou "essa verdadeira maravilha da Arte, ... da maior utilidade..." (Doyon e Liaigre, 1966, p.215). E, nos meses seguintes, estimulado pelo sucesso, Vaucanson trabalhou na mecanização da tarefa do "puxador de laçadas", peça que tinha o difícil papel de selecionar e puxar os cordões de malhas, permitindo levantar os fios da urdidura certos para a reprodução de um determinado desenho. Esse segundo "tear para tecidos trabalhados", que o nosso engenheiro terminou no início do ano de 1748, lhe valeu o reconhecimento do rei Luís XV, e principalmente a sua entrada na Academia de Ciências.

A contribuição essencial de Vaucanson reside certamente no automatismo integral da máquina. Ao contrário do tear Jacquard, que sempre exigiria a presença do tecelão, o de Vaucanson funcionava com uma simples manivela: "No novo tear do sr. Vaucanson, o operário, que também fica à frente do tear, trabalha apenas com uma mão para girar uma manivela, cujo movimento leve e fácil conduz todas as outras operações" (*Mémoire sur un nouveau métier à tisser la soye*, publicado por Vaucanson por volta de 1749; citado por Doyon e Liaigre, 1966, p.464). Uma vez montada a cadeia, bastava alimentar a máquina com energia mecânica, para que ela funcionasse sozinha, a manivela preparando assim uma acoplagem posterior com um sistema de força motora industrial: uso de cavalos ou de roda hidráulica.

Por que levar a tal ponto o automatismo? Por que Vaucanson não se contentou em *mecanizar* o tear tradicional, deixando para o tecelão a tarefa de acionar os pedais e o batente, ao invés de desqualificar totalmente a sua função? Criando tal máquina, ele foi além da missão que lhe era atribuída como inspetor das manufaturas de seda, e pode-se imaginar facilmente os conflitos sociais que ele se arriscou a provocar. Lembremos a descrição que ele

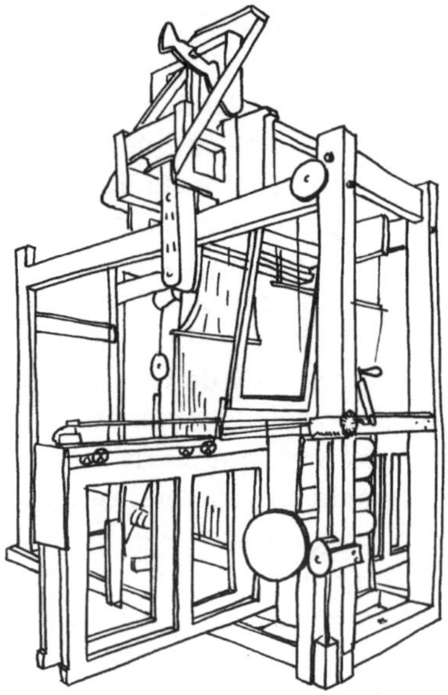

Desenho do conjunto do tear para tecidos trabalhados de Vaucanson, exposto no Museu de Artes e Ofícios.

mesmo fez da sua invenção: "É uma máquina com a qual um cavalo, um boi, um asno faz tecidos muito mais belos e perfeitos do que os mais hábeis operários da seda" (Doyon e Liaigre, 1966, p.210). Sem comentários...

Foi nesse ponto que se manifestou a personalidade profunda do mecânico. Certamente, Vaucanson era um verdadeiro engenheiro, mas também era, poderíamos dizer, um construtor de autômatos. Desde a juventude, tinha paixão pela mecânica, e principalmente pela *automática*. O que mais o atraía era aquilo que, uma vez programado, funcionava sozinho e fazia prodígios. Assim a realização de um tear aperfeiçoado, que exigisse sempre a presença de um operário qualificado não podia, afinal, interessar-lhe tanto.

Aliás, outra máquina sua demonstra o mesmo estado de espírito: é a máquina de fazer a urdidura (ver desenho página 76). Embora não seja totalmente automática, ela pode ser operada por "pessoal não-qualificado". Esse conjunto de pinças e ferramentas dispostas sobre um pedestal era regulado uma única vez para realizar uma única operação, reproduzida infinitamente: a execução de uma malha da urdidura dita "de Vaucanson". O próprio homem que fabricava a urdidura se comportava como um mecanismo, repetindo gestos idênticos e predeterminados ao longo do dia. Todavia, sublinhar as razões sociais alegadas por Vaucanson — ocupar os "estropiados", os excluídos da sociedade — ou suas motivações mais produtivistas — empregar "as pessoas mais fiéis e mais limitadas [que pudessem substituir] aquelas, mais inteligentes e mais robustas, que também exigem maior salário [*sic*]..." (*Mémoire*..., 1749, citado por Doyon e Liaigre, 1966, p.463) — é, de certa forma, ter uma falsa idéia desse personagem. Afinal, esse precursor do engenheiro do século XIX foi incontestavelmente movido pela obsessão do automatismo, pela realização do "homem artificial", que durante toda a vida ele sonharia em criar; suas pesquisas e construções mecânicas visavam apenas a esse objetivo.

O GESTO NA MÁQUINA

É dessa vontade primeira, dessa idéia fixa de inventar um tear inteiramente automático, que decorrem as duas outras inovações. Pela ação da manivela, põe-se em jogo um hábil conjunto de dentes, lingüetas, bielas e engrenagens que transformam esse movimento circular inicial em gestos elementares complexos, como a ação do batente, a passagem da lançadeira, o avanço do tecido e a seleção dos fios que servem para criar os motivos.

Finalmente, não há diferença fundamental entre as duas máquinas complexas que são o célebre *Tocador de flauta* de Vaucanson e o seu tear automático. Ambas realizam uma seqüência de atos mecânicos que podem ser repetidos ao infinito e ambas comportam, além dos mecanismos atuantes, uma fonte de energia mecânica e um programa. Este está inscrito, nos dois casos, em um cilindro, munido de picotes no autômato, e de perfurações no tear. Mas o aperfeiçoamento que Vaucanson acrescentou ao tear é notável: ao passo que o cilindro com picotes comportava apenas um único programa, o cilindro do tear suporta um cartão perfurado removível, permitindo a mudança do programa do desenho. Recorrer a uma técnica utilizada nos autômatos e nas caixinhas de música para acionar uma máquina industrial: essa foi a verdadeira inovação. Trata-se de uma *transferência de tecnologia*, processo já evocado. Pela observação, virtude inigualável do técnico, Vaucanson recuperou nos seus autômatos uma solução, para aplicá-la ao seu tear.

A NOVA LANÇADEIRA

A terceira inovação notável, porém menos conhecida, é o sistema de passagem da lançadeira. Os historiadores nos mostraram amplamente (Endrei, 1968) o que as modernas técnicas de tecelagem devem à lançadeira volante inventada por John Kay em 1735, que teve um papel decisivo na mecanização da tecelagem na Inglaterra do século XVIII. Os teares Jacquard a utilizariam durante muito tempo, ao longo do século seguinte. Vaucanson, por sua vez, introduziu um sistema diferente, talvez menos revolucionário, pois estava mais próximo do gesto humano, todavia mais adaptado ao seu objetivo de automatização integral. Enquanto a lançadeira volante de Kay funcionava sozinha sobre uma prancha de madeira, sob o impulso dado ao lança-lançadeira pelo tecelão, a lançadeira de Vaucanson é mantida constantemente por duas pinças que, alternadamente, a transmitem uma para a outra, de um lado para outro da camada da urdidura. O gesto realizado pelas duas pinças, cada uma delas fixada sobre uma carretilha de madeira com um movimento de vaivém, é diretamente calcado no gesto do tecelão de antes da lançadeira volante, que passava a grande lançadeira, sucessivamente, de uma mão para outra, entre as duas camadas de fios.

Mais uma vez, devemos imaginar o Vaucanson construtor de autômatos, que *analisava* com precisão os gestos humanos para "reinjetá-los" na máquina, do mesmo modo que, alguns anos antes, analisara os movimentos dos dedos e da boca de um flautista para fazer com que o seu autômato músico realizasse operações idênticas. Aliás, a própria construção do dispositivo de passagem da lançadeira nos mostra um mecânico já impregnado do novo sistema industrial. A lançadeira de Kay era inteiramente construída de materiais tradicionais (madeira, osso, um pouco de ferro para as pontas). A de Vaucanson, ao contrário, era uma magnífica peça metálica associada a outras peças de ferro (lingüetas, pinças, roletas etc.). Só os chassis continuavam sendo de madeira.

Fazendo o balanço dos aperfeiçoamentos realizados por Vaucanson no tear e, mais geralmente, na indústria da seda, podemos indagar por que essas máquinas extraordinárias ficaram no estágio de protótipos funcionais, sem chegar à etapa industrial, como faria Jacquard cerca de cinqüenta anos depois. A resposta talvez esteja no automatismo exacerbado e no temor suscitado por essas invenções, num contexto econômico e social já muito sensível às mudanças técnicas. Mas ela está também, talvez principalmente, no aspecto excessivamente "fechado" dessas inovações. O que permitiu à lançadeira volante de Kay e à mecânica de Jacquard penetrarem tão rapidamente nas oficinas e nas manufaturas foi sua flexibilidade de utilização, sua possibilidade de *enxertar-se* nos teares existentes, sem necessidade de investimentos financeiros muito vultosos. A lançadeira volante, por exemplo, é um subconjunto que vem fixar-se no batente do tear, proporcionando um aperfeiçoamento notável por um custo módico. A mecânica Jacquard era complexa e dispendiosa; mas também podia ser adaptada a um tear clássico, substituindo o sistema manual de seleção dos fios da urdidura.

Pelo contrário, o tear de Vaucanson era inteiramente novo. Não podendo adaptar-se, só podia substituir totalmente o tear manual, desvantagem que o impediu de ser adotado pelo mundo da tecelagem industrial. Fazendo um paralelo com um fato recente, poderíamos compará-lo ao motor a pistão rotativo Wankel, que, no seu tempo, suscitou grandes esperanças no mundo do automóvel. Como o tear de Vaucanson, ele não conseguiu se impor, pois implicava mudanças excessivamente radicais. Preferiu-se adotar a injeção e a ignição eletrônicas, e também muitos aperfeiçoamentos que aumentaram o desempenho dos motores existentes, evitando-se assim refazer, completa e obrigatoriamente, todas as cadeias de concepção e de fabricação.

Dessa forma, poderíamos encontrar, ao longo da história, muitos exemplos de invenções às vezes qualificadas de "geniais", mas que permaneceram

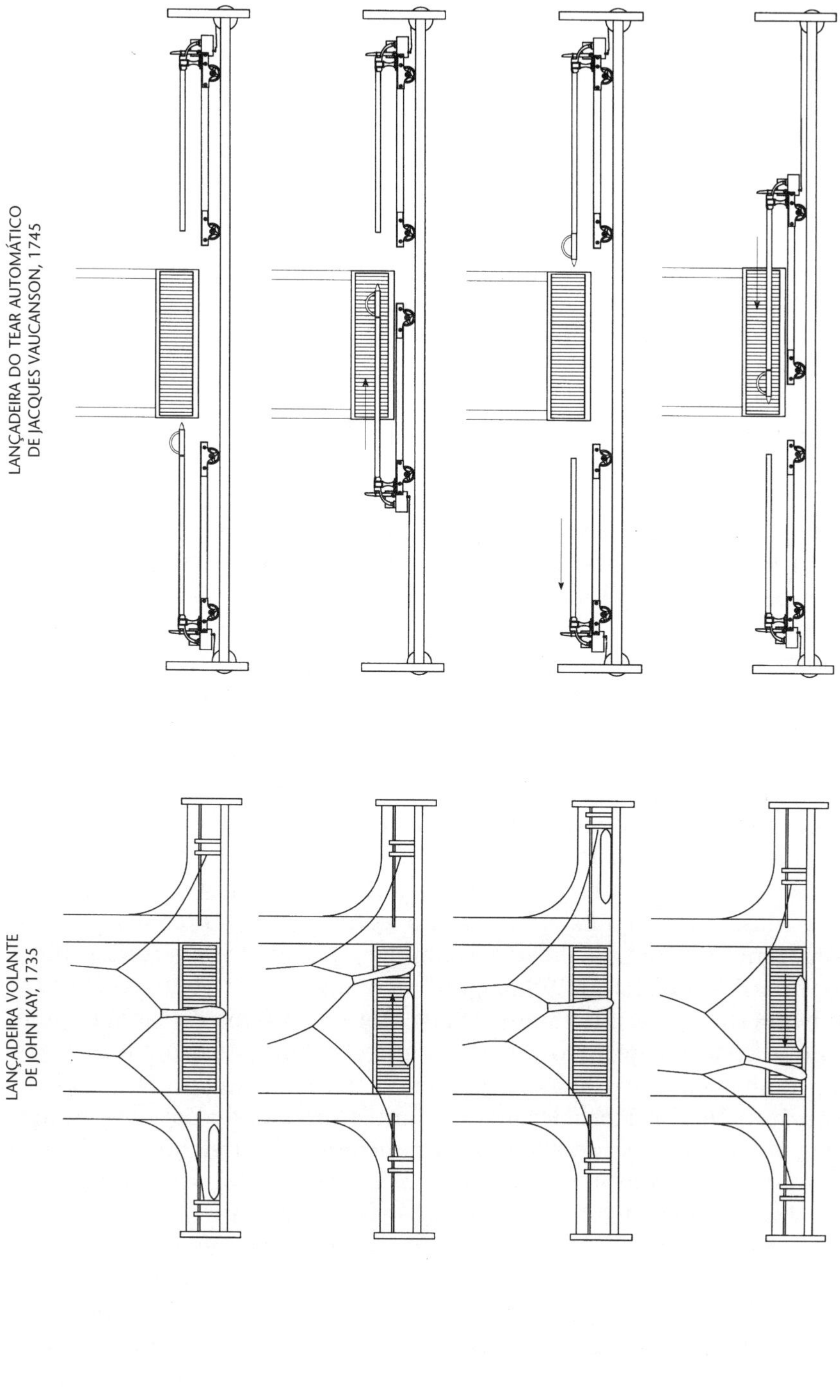

Esquema comparativo do funcionamento das lançadeiras de Kay e de Vaucanson.

no estágio de protótipos. Podemos considerar esses grandes ancestrais sob dois ângulos. O primeiro é a curiosidade pelo "monstro", que é observado como se fosse um "fóssil vivo" da tecnologia. O segundo consiste em considerá-los como testemunhas de uma criatividade técnica em ação, uma via até agora sem descendência, mas talvez não sem futuro. E essa é a missão do Conservatório Nacional de Artes e Ofícios francês que desde o princípio se baseia nesses objetos para transmitir uma cultura técnica. Aliás, se Vaucanson não teve o sucesso industrial que esperava com o seu tear, pode-se apesar de tudo atribuir-lhe a paternidade, pelo menos indireta, do tear de Jacquard, cuja concepção se fez em parte quando este, chamado pelos diretores do Conservatório, veio remontar o tear de Vaucanson e soube então aproveitar a experiência dos seus precursores do século XVIII para fazer com que a tecelagem passasse do estágio de artesanato mecanizado para o de indústria.

OS ÓRGÃOS DAS MÁQUINAS

O que torna todos os mecanismos expostos no museu tão curiosos mas tão familiares é certamente que voltam à tona lembranças de uma época em que a mecânica ainda era a rainha das técnicas, o caminho para o futuro do menino apaixonado pelo deus Mecano. Todos nós já vimos muitos desses mecanismos, mas raramente isolados como aqui; em geral, eles são encontrados reunidos em máquinas complexas, escondidos sob o cárter, onde é bem difícil vê-los funcionar. No Museu de Artes e Ofícios eles são animados, e seu movimento está tão próximo da perfeição que parecem dançar em suas vitrines.

Desde a Antigüidade, conhecem-se as "máquinas simples", que constituem a base da linguagem clássica da mecânica: a roda, a alavanca (e logo a roldana e o guindaste), o plano inclinado, a cunha e o parafuso. Com a revolução industrial, que surge na Inglaterra do século XVIII, essas poucas "letras" não bastam mais para "escrever" as máquinas complexas da nova era. É preciso inventar outras, criar um alfabeto moderno, conciso o bastante para manejar uma linguagem nova com facilidade, e completo o bastante para realizar tudo.

Desde o início do século XVIII, alguns tecnológos, como o sueco Christopher Polhem (1661-1751), tentaram estabelecer um sistema de "alfabeto mecânico", que todo engenheiro deveria conhecer para construir máquinas. Polhem já descrevera e realizara oitenta letras desse alfabeto (Lindgren, 1991). Na França, Jean Nicolas Pierre Hachette, aluno e sucessor de Gaspard Monge, propôs em 1806 uma classificação dos mecanismos. "Mostrei que era possível chegar à enumeração completa das Máquinas Elementares classificando-as em dez séries. Essa divisão é baseada no pressuposto de que todo mecanismo, por mais composto que seja, resulta de uma das combinações de dois movimentos entre estes quatro: *circular contínuo, retilíneo contínuo, circular alternativo, retilíneo alternativo*" (Hachette, 1828). Ao longo do século XIX, muitos mecânicos continuaram no mesmo caminho, tentando estabelecer uma nomenclatura científica da mecânica, mais ou menos como o trabalho realizado com a química ou com as biociências durante o século precedente. Assim, com J.-A. Borgnis e J.-N. Haton de La Goupillère, e principalmente com o tecnólogo alemão Franz Reuleaux, surge uma "ciência da mecânica", cujo centro é a cinemática, parte que trata dos movimentos. Os mecanismos do Museu de Artes e Ofícios são testemunhas dessas pesquisas pacientes e profundas para dotar a mecânica de uma linguagem universal.

A partir de então, as técnicas evoluíram muito e, com o advento da eletricidade, as máquinas se tornaram parcialmente imateriais. A informática e as telecomunicações não comportam mais articulações; os mecanismos agora são da ordem do software. Os "órgãos" de máquinas apresentadas no museu são as partículas elementares do mundo da mecânica. É combinando essas engrenagens, conexões, bielas, peças de ligação, que se fabrica uma máquina. A transposição intelectual entre o mundo do mecânico e o do eletrônico ou do informático é muito direta. A matéria mudou, mas não a extraordinária combinatória que permite a associação dessas peças elementares. De um lado, dentes, engrenagens, alavancas e manivelas; do outro, resistências, diodos,

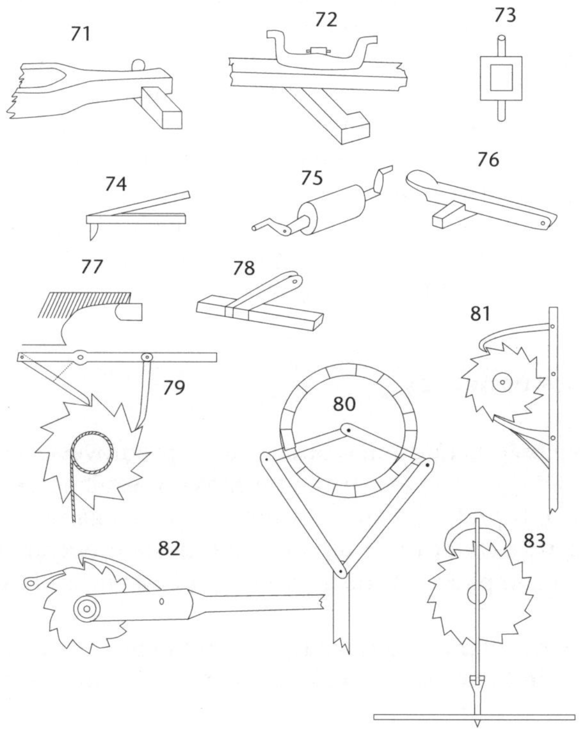

Desenho do caderno de notas de Carl Johann Cronstedt (1729), representando alguns elementos do alfabeto mecânico de Polhem (Strandh, 1998, p.60).

microprocessadores, que se chamam componentes eletrônicos ou ainda programas, rotinas ou recursos.

TRANSMITIR A FORÇA MOTRIZ

A máquina a vapor teve um papel essencial no estabelecimento do sistema técnico da civilização industrial, e a mecânica teve de responder às numerosas questões apresentadas pelo novo motor, que podiam ser reunidas em duas categorias: as ligadas à transmissão da força motriz por um lado; e as relacionadas aos dispositivos de comando, por outro.

No que se refere à transmissão, o problema era adaptar um sistema técnico tradicional, fundado na roda hidráulica, lenta e poderosa, a uma nova máquina motora, cujo órgão essencial é o pistão. A roda descreve um círculo, o pistão, uma linha. A roda gira continuamente, o pistão vai e vem. É isso que, numa descrição simples, iria preocupar uma grande parte dos engenheiros mecânicos da primeira metade do século XIX: transformar um movimento linear alternativo em movimento circular contínuo, para transmitir a potência do pistão à árvore.*

Sem dúvida, esse problema não era novo e, desde muito tempo, outras máquinas funcionavam segundo esse princípio de transformação de movimento — como a roda de fiar ou o torno. Mas, com o vapor, assistiu-se a uma mudança de escala extraordinária. As potências em jogo cresceram em proporções enormes. E o que podia ser resolvido simplesmente por um volante rudimentar deveria, a partir de então, ser estudado nos mínimos detalhes. Os esforços exercidos sobre o pistão pela pressão do vapor eram muito irregulares ao longo do seu percurso, o que impunha equilibrar, por uma distribuição de vapor apropriada e por um grande volante, a velocidade de rotação da árvore motora. Essa árvore, que distribui a força mecânica para as diferentes partes, deve girar o mais uniformemente possível.

COMANDAR TODOS OS ÓRGÃOS

Mas também era preciso que a máquina a vapor promovesse automaticamente o movimento de gavetas, registros, graxeiras ou reguladores indispensáveis à sua atividade: é o problema da transmissão dos comandos. As manivelas, engrenagens, dentes e alavancas de todo tipo deviam operar com precisão e responder a uma complexidade de movimentos desconhecida até então, mesmo na relojoaria.

Era preciso inventar as novas máquinas-ferramentas capazes de aplainar corrediças, fazer perfurações com as formas mais estranhas, fabricar as engre-

---

* Em mecânica, eixo que gira transmitindo esforços de torção. (N.R.T.)

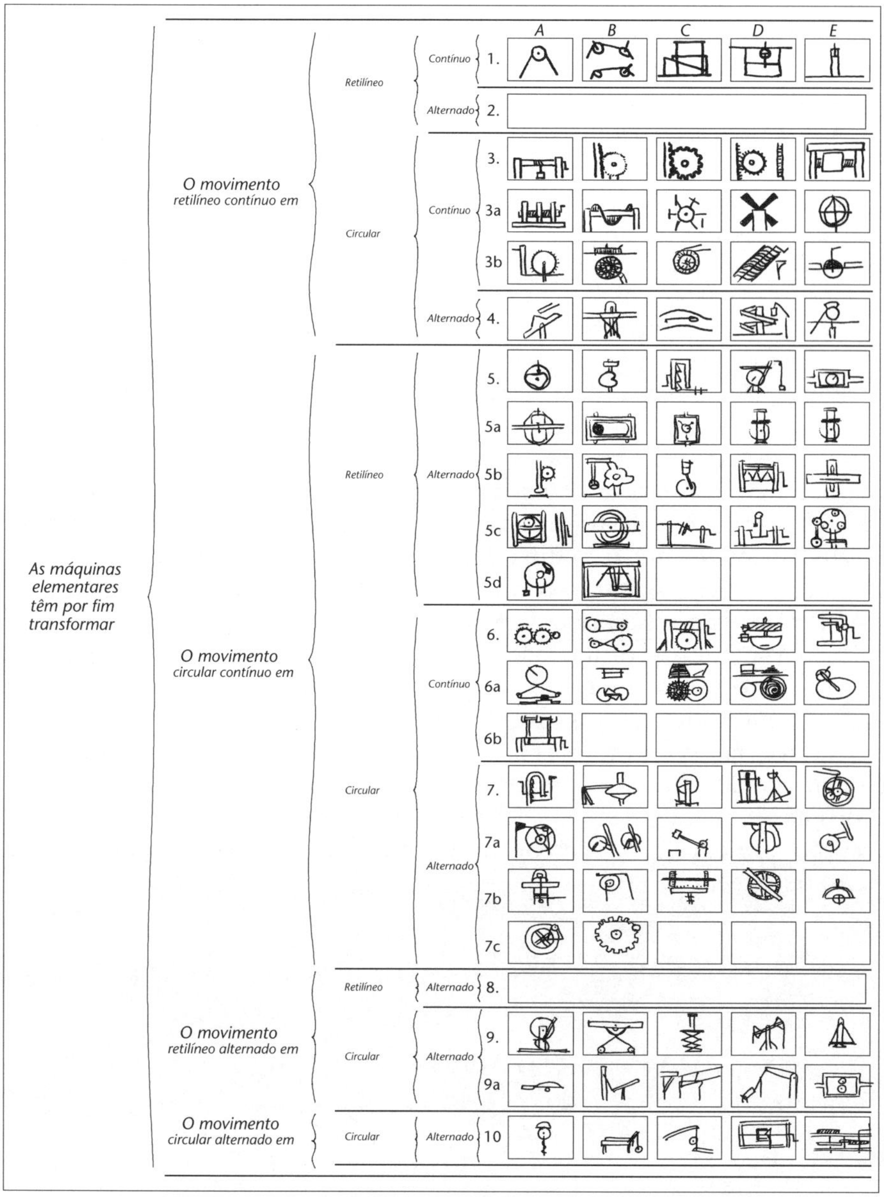

Quadro das transmissões de movimentos, segundo Hachette, 1811.

nagens etc. Nessa "bulimia de máquinas", os engenheiros construtores do século XIX imaginaram sem parar, com virtuosidade, as máquinas que respondiam exatamente às demandas da indústria. Paralelamente, era preciso, ao longo dessa idade de ouro da mecânica, mobilizar novas ferramentas intelectuais para traçar com precisão as curvas dos encaixes, as endentações das engrenagens, para desenhar, nas três dimensões do nosso espaço, os movimentos das ferramentas e das diversas peças mecânicas.

A matemática e a geometria descritiva, principalmente, seriam convocadas para traçar as formas dos dentes de engrenagem em curva evolvente, a fim de que as rodas se combinassem sem choques e, portanto, com o menor desgaste possível; os dentes das máquinas de cortar, dos tornos para fabricação de peças metálicas, das fresas, serão traçados a partir de diagramas elaborados com a colaboração dessas novas ferramentas intelectuais — que, por sua vez e bem mais tarde, serão integradas aos programas das máquinas de comando eletrônico e, depois, aos computadores.

E impossível a cada nova etapa reaprender tudo, desde a origem. Essa é a vantagem de se conhecer as diferentes e sucessivas linguagens da tecnologia: hoje não se tem mais necessidade de saber traçar as curvas concoidais, as cissóides ou outras curvas de equações complexas, para fazer funcionar uma máquina-ferramenta ou traçar uma curva numa estrada, assim como não é mais indispensável que o analista de sistemas conheça o funcionamento básico dos componentes eletrônicos para elaborar um programa eficiente.

Os mecanismos expostos no Museu de Artes e Ofícios são o reflexo dessa profusão de pesquisas, de inovações. Observando esses órgãos em movimento, gerações de técnicos, aprendizes, engenheiros, aprenderam a compreendê-los para também realizar outros inventos ou aperfeiçoar os sistemas existentes.

Ainda hoje, as vitrines e os objetos do museu nada perderam do seu fascínio nem da sua atualidade. A compreensão dos órgãos elementares, de seus modos de associação, das soluções técnicas imaginadas, e a percepção da sua evolução "genética" constituem um estímulo único para o criador, o engenheiro ou o técnico.

5 O impasse tecnológico das rebitadoras

Durante todo o século XIX e uma parte do século XX, a rebitagem foi praticamente o único modo de junção de todas as peças metálicas planas: chapas, placas, perfis. Antes da era industrial, essa técnica, herdada dos ourives, fabricantes de armas ou caldeireiros desde a Antigüidade, era essencialmente artesanal e rural. Com o advento da máquina a vapor, e depois da construção civil e naval em ferro, os rebites aumentaram em dimensão, resistência e número. Três setores industriais os utilizaram em grande escala: a construção metálica (pontes, estruturas, guindastes...), a construção naval (navios, cargueiros fluviais...) e a caldeiraria (caldeiras de máquinas a vapor, principalmente). Por sua infra-estrutura e seu material, a expansão da ferrovia teve um papel considerável no desenvolvimento da rebitagem.

No cerne do processo de fabricação de um conjunto metálico, a operação de rebitagem rapidamente revelou-se muito delicada, lenta e, logo, dispendiosa. Foi por isso que os engenheiros desde cedo se inclinaram sobre esse problema, a fim de obterem máquinas capazes de aumentar a produtividade. Assim, durante cerca de um século apareceram várias centenas de máquinas de rebitar, utilizando todos os princípios e todas as fontes de energia disponíveis.

DA ÁRVORE DE TRANSMISSÃO AO PISTÃO A VAPOR

Nos anos 1830, enquanto as máquinas-ferramentas de usinagem estavam em plena expansão, as máquinas para trabalhar metais em folhas continuavam em número restrito. As utilizadas mais freqüentemente eram as perfuradoras, cisalhas e máquinas para arqueamento, cujo desenvolvimento acompanha o da construção naval em metal e o da ferrovia. Se os primeiros cargueiros fluviais de ferro apareceram em 1787, o surgimento da locomotiva foi mais recente, mas se propagou rapidamente no início do século XIX. Assim, foi naturalmente nas oficinas de caldeiraria que a necessidade de mecanização se fez mais urgente, para a fabricação de caldeiras para máquinas a vapor e locomotivas.

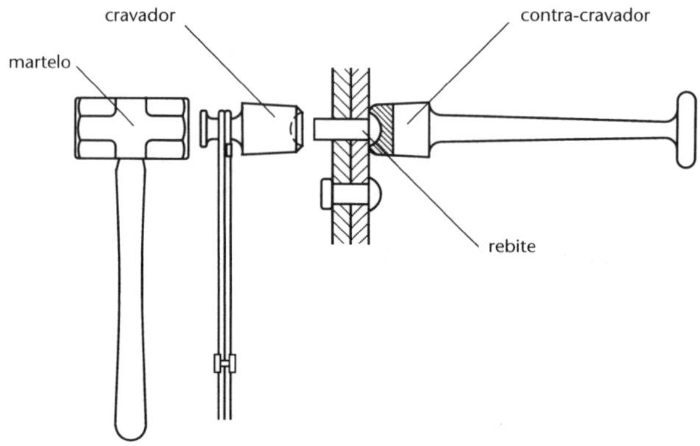

A rebitagem manual necessita em geral de quatro operários: um para segurar o contracravador, outro para manter o cravador, o rebitador para manejar o martelo e um ajudante para aquecer os rebites.

A primeira rebitadora digna desse nome apareceu em 1838 em Manchester, onde William Fairbairn, construtor de caldeiras, inventou uma máquina baseada no princípio clássico da alavanca acionada por uma engrenagem, habitualmente utilizado nas perfuradoras da época (Buchanan e Rennie, 1841). A única modificação feita na perfuradora foi o acréscimo de uma cunha, acionada por uma manivela, que permitia regular o percurso do cravador, em fun-

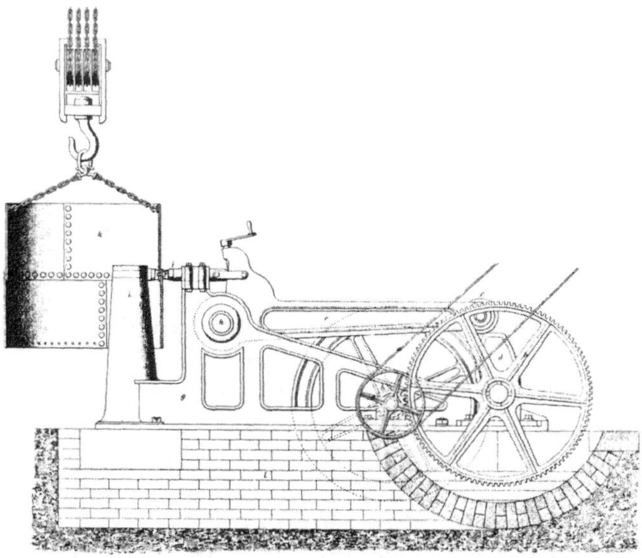

Primeira máquina de rebitar de Fairbairn, 1838.

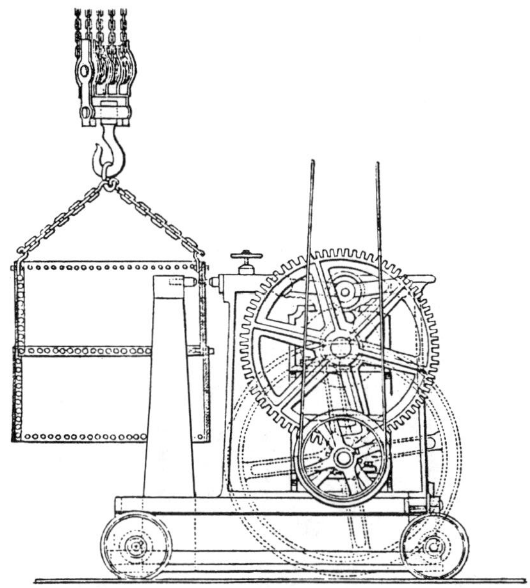

Segunda rebitadora de Fairbairn, 1843.

ção do comprimento dos rebites a serem instalados. Essa regulagem prévia era indispensável para evitar que a armação da máquina se quebrasse sob o efeito do choque contra um rebite longo demais ou não suficientemente quente.

Essa primeira máquina apresentava, de fato, muitos inconvenientes, entre os quais a sua fragilidade, o grande espaço ocupado e a impossibilidade de ser parada durante a operação. Alguns fabricantes franceses importaram-na e tentaram melhorá-la, acrescentando um sistema para desembreá-la, mas essas tentativas não tiveram continuidade. Por volta de 1843, Fairbairn apresentou uma nova versão fundada no mesmo princípio, mas provida de vários melhoramentos consideráveis.

Por exemplo, Fairbairn intercalou uma rótula entre a engrenagem e o cravador, engenhosa multiplicação que dava a pressão máxima à ferramenta já no fim de seu curso. Esse sistema permitia, além disso, uma importante redução do espaço ocupado; daí a sua implantação sobre uma carreta rolante, que tornava a máquina mais facilmente manejável.

A máquina de Fairbairn não deixou indiferentes os fabricantes franceses, que estudaram o problema, tentando corrigir os inconvenientes dos sistemas anteriores, e imaginando máquinas que utilizassem diretamente a força do vapor. Assim, por ocasião da exposição da indústria francesa de 1844 em Paris, foram apresentadas as duas primeiras rebitadoras francesas (Burat, 1844): uma por Lemaître, caldeireiro em La Chapelle-Saint-Denis, perto de Paris, e outra pelos irmãos Schneider, de Creusot.

A máquina do mecânico Lemaître possuía dois cilindros, um acionando o cravador e o outro que permitia um bom alinhamento das chapas, antes de serem ligadas. Uma maquete em escala 1:5 dessa rebitadora está exposta ainda hoje nas vitrines do Museu de Artes e Ofícios.

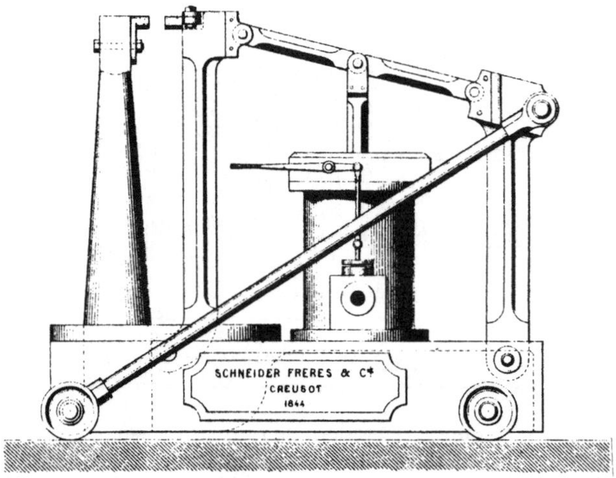

Rebitadora a vapor Schneider, criada por François Bourdon, 1844.

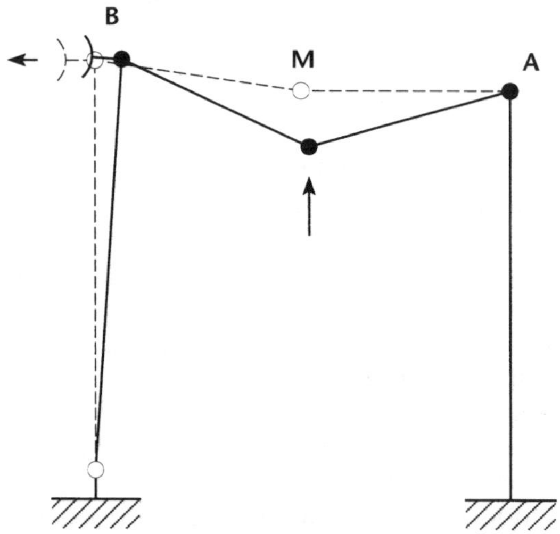

Princípio da rótula: quando se empurra o ponto central M para cima, o que é feito pela engrenagem ou pelo pistão, o cravador situado em B se desloca para a esquerda; e quanto mais M se aproxima da linha AB, mais o esforço feito em B é elevado. Esse princípio permite obter uma potência importante sobre o rebite, no fim da instalação.

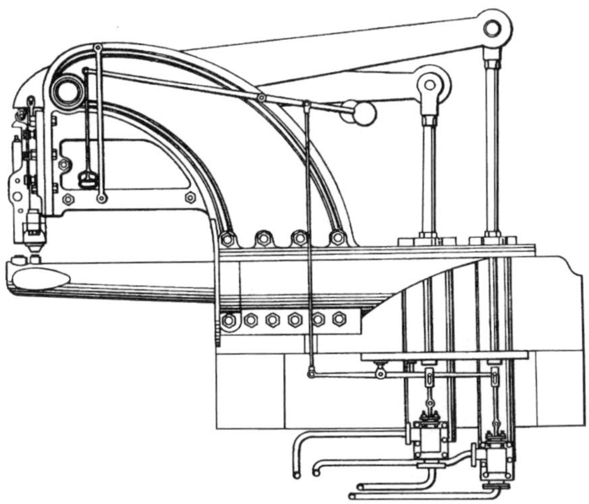

Rebitadora a vapor de Lemaître, 1844.

Se essa máquina apresentava, em razão de suas dimensões gerais e da presença de uma grande alavanca, uma certa semelhança com a primeira rebitadora de Fairbairn, a dos irmãos Schneider, fabricada por François Bourdon, engenheiro-chefe das fábricas de Creusot, assemelhava-se ao segundo modelo do engenheiro inglês. Mas Bourdon utilizava diretamente a ação do vapor sobre um pistão, que ele aplicara três anos antes ao seu martelo-pilão. Independentemente e por dois caminhos diferentes, Lemaître e Bourdon chegaram assim a duas máquinas semelhantes por sua estrutura de conjunto: cilindro-pistão a vapor-transmissão mecânica por alavancas.

Do mesmo modo que o martelo-pilão de Bourdon inspirou a sua rebitadora, assim também o de James Nasmyth foi a origem direta da rebitadora construída por Garforth, de Dukinfield (Inglaterra), em 1847. Mas, ao invés de estar disposto verticalmente, o pilão era horizontal e acionava diretamente o cravador. Construída especialmente para o canteiro da ponte tubular de Conway, essa máquina constituiu a primeira aplicação da rebitagem mecânica à construção metálica. Por sua estrutura, essa máquina era a mais simples entre todas até então, pois tinha apenas uma peça em movimento. Nesse caso, cabe perguntar: por que os fabricantes franceses, logo que foi estabelecido o princípio da ação direta do vapor e sua aplicação ao martelo-pilão, não aplicaram essas normas a uma máquina como aquela da ponte de Conway? Diante da simplicidade desta, as rebitadoras de Lemaître e dos irmãos Schneider parecem bem extravagantes.

Na verdade, é preciso ver nessas máquinas o prolongamento de duas linhagens paralelas, sobre as quais os fabricantes se concentraram durante muito tempo. No caso de Lemaître, dispunha-se de uma máquina muito adequada e eficiente: a perfuradora a vapor. Assim sendo, ao invés de lançar-se à

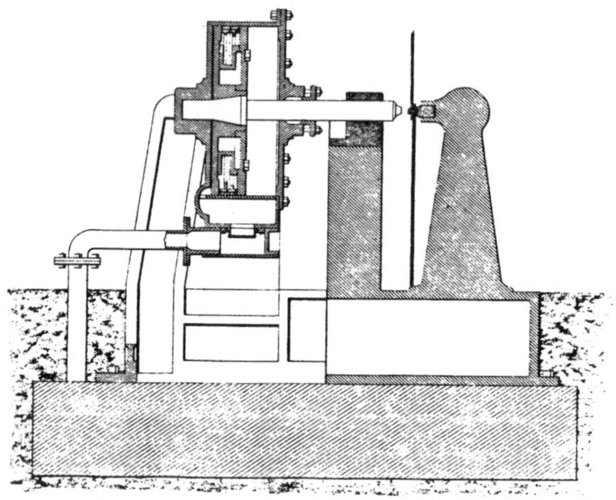

Rebitadora a vapor com pistão horizontal de Garforth, 1847.

concepção de uma máquina inteiramente nova, com as despesas que isso representava, Lemaître se contentou com uma engenhosa adaptação. No caso de Creusot, o mesmo raciocínio pode ser feito. É muito provável que Bourdon tivesse conhecimento do projeto da segunda máquina de rebitar de Fairbairn. Bastou-lhe então substituir o princípio mecânico engrenagem-alavanca pelo princípio da ação direta do vapor, para obter, com bastante facilidade, uma máquina de rebitar de funcionamento garantido.

Um último tipo de rebitadora a vapor apareceu nos Estados Unidos, por volta de 1876. Embora surgindo mais tardiamente do que a rebitadora de Garforth, essa máquina surpreendente, fabricada por Pusey & Jones, de Wilmington (Delaware), retomava a mesma estrutura geral, mas com um cilindro de eixo vertical, disposto no seu pedestal. Uma armação em colo-de-cisne mantinha o contracravador diante do cravador móvel. Essa disposição vertical do pistão permitia, como nas máquinas de Schneider e de Lemaître, a utilização do vapor sobre uma única face do pistão, voltando o sistema à sua posição de partida pelo seu próprio peso. Daí uma fabricação muito simples e uma concepção muito robusta e econômica, que a destinavam principalmente à construção de pontes ferroviárias e de partes interiores de navios.

Pela simplicidade da sua estrutura, essa máquina apresentava as mesmas vantagens que a de Garforth, mas sem os inconvenientes, graças ao seu cilindro de eixo vertical. Efetivamente, levando-se em conta a simetria axial do sistema pistão-cilindro, os esforços, e portanto o desgaste, das peças se faziam uniformemente quando o eixo das peças em movimento era vertical. O aparecimento tardio desse sistema é pois muito surpreendente, a menos que se levem em conta os aspectos práticos da utilização da máquina, principalmente na caldeiraria. Na verdade, se a estrutura da máquina era extremamente

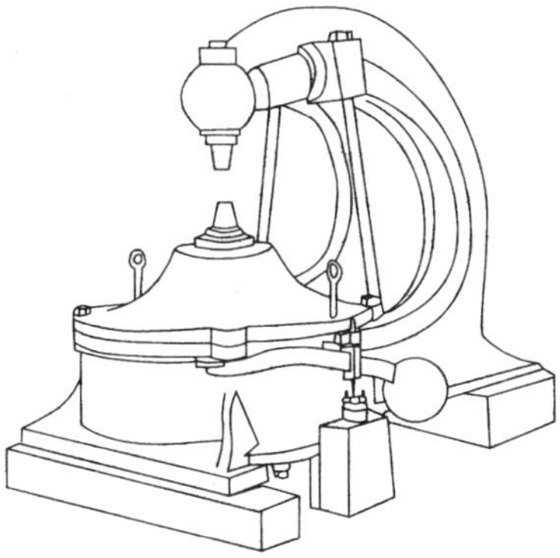

Rebitadora a vapor com pistão vertical de Pusey & Jones, 1876.

simples, a disposição vertical dos cravadores não permitia utilizá-la para peças como as caldeiras, mas a destinava essencialmente à construção de vigotes metálicos, em que a introdução dos rebites e seu controle não constituíam problema.

Com essa rebitadora termina a evolução das máquinas de rebitar a vapor, as máquinas que serão fabricadas posteriormente sendo apenas adaptações das rebitadoras existentes. Pode-se estimar que, por volta de 1875, as rebitadoras a vapor chegaram a um estágio de *saturação*, no qual as inovações estavam em via de se esgotar.

Paralelamente ao uso do vapor, muitos outros construtores estudariam a elaboração de máquinas de rebitar mecânicas, fundadas nos mesmos princípios que as perfuradoras de alavanca, as máquinas de estampar com volante de inércia ou os balancins de fricção utilizados na cunhagem de moedas. Em razão da fugacidade da pressão exercida por essas rebitadoras mecânicas, elas eram principalmente adaptadas para os trabalhos menos exigentes, isto é, a construção metálica e as construções comuns. Como as rebitadoras a vapor, elas tinham chegado ao estágio de saturação antes de 1880, e as inovações que se seguiriam seriam secundárias: adaptação de um motor elétrico, de uma transmissão hidráulica intermediária etc.

A BUSCA DA PERFEIÇÃO: AS REBITADORAS HIDRÁULICAS

A verdadeira inovação que marca a história da máquina de rebitar no século XIX é a utilização da água sob pressão como fonte de energia.

As rebitadoras a vapor apresentavam vários e sérios inconvenientes, que prejudicaram o seu desenvolvimento, e dos quais o mais importante era, sem dúvida, a falta de continuidade da pressão do vapor, devido às condensações nos canos e nas próprias caldeiras. Entretanto, elas abriram caminho para as

Rebitadora hidráulica portátil de Tweddell, por volta de 1870.

rebitadoras hidráulicas, que retomaram o mesmo princípio da ação de um fluido sob pressão sobre um pistão.

A primeira rebitadora hidráulica foi inventada em 1865 pelo engenheiro Ralph Hart Tweddell, fabricante em Londres. Convencido das vantagens que representava a utilização da água sob pressão como meio de transmissão de potência, Tweddell construiu a primeira rebitadora hidráulica fixa, cuja forma era próxima das rebitadoras fixas a vapor, mas com um cilindro de diâmetro bem inferior. Tweddell explorou habilmente o acumulador que sir William Armstrong introduzira no seu primeiro maquinário hidráulico em 1836, do qual podemos, hoje, descobrir um dispositivo semelhante no maquinário da Tower Bridge, em Londres, aberto ao público.

Se nenhum dos elementos estruturais que constituem a rebitadora de Tweddell é verdadeiramente original, o mérito do inventor reside na elaboração de um sistema completamente novo, realizando a síntese das estruturas existentes. Muitos exemplares seriam utilizados na Inglaterra e na França. Desde a sua criação, essa máquina chamou a atenção dos meios especializados, e as fábricas de Creusot, notadamente, adotaram já em 1875 o modelo mais potente, podendo desenvolver uma pressão de 80 toneladas sobre o rebite.

Suas principais vantagens eram a qualidade da rebitagem obtida e seu funcionamento econômico. Outra qualidade logo se revelaria: a possibilidade de realizar uma máquina portátil com a potência das grandes máquinas fixas, utilizadas até então. Por volta de 1870, Tweddell produziu, para os trabalhos do Great Eastern Railway, um conjunto completo, montado sobre carreta, compreendendo:

- um forno para aquecer os rebites;
- uma caldeira a vapor aquecida por esse forno;
- uma máquina a vapor ligada a uma bomba hidráulica;
- um acumulador
- um guindaste no qual estava suspensa a rebitadora;
- a própria rebitadora portátil.

Tratava-se de uma das raras tentativas para desenvolver um sistema completo e autônomo que podia ser utilizado nos canteiros por uma equipe de rebitadores. Nos anos 1880, as rebitadoras hidráulicas se desenvolveram nas oficinas, paralelamente à generalização da transmissão hidráulica.

Enquanto a primeira rebitadora portátil de Tweddell pretendia ser universal, ocorre, em fins do século XIX, a proliferação das rebitadoras especializadas. Sua construção, de concepção modular, era muito semelhante: uma armação de ferro fundido ou aço moldado, um pistão e dispositivos anexos.

Desde o seu aparecimento, um dos inconvenientes maiores das máquinas de rebitar era o espaço ocupado por seus braços, cujo tamanho acompanhava o aumento da dimensão das chapas. Se isso permitia reduzir o número de junções, tornava necessárias, em contrapartida, máquinas de dimensões consideráveis. Por volta de 1900, as rebitadoras hidráulicas atingiram, por sua vez, o ponto de saturação. O recurso à transmissão pneumática e o uso do martelo pneumático em lugar do martelo manual significaram, a partir dos anos 1890, a obsolescência das rebitadoras hidráulicas e abriram um novo e último caminho de desenvolvimento para a rebitagem mecanizada.

O INÍCIO DO AR COMPRIMIDO

Originárias da mesma linhagem que as máquinas de rebitar hidráulicas, as rebitadoras pneumáticas apareceram por volta de 1875. A primeira foi obra de John F. Allen, fabricante em Nova York, que imaginou uma rebitadora portátil a partir do ar comprimido utilizado na fundação das pontes. Apesar do pouco sucesso dessa máquina, a idéia de utilizar o ar comprimido para a rebitagem nascera, sendo apresentada por seu próprio construtor, na Exposição Universal de Paris em 1878, uma rebitadora pneumática muito elaborada, funcionando simultaneamente por compressão e percussão.

Na evolução das máquinas de rebitar, o caso dessa rebitadora a ar comprimido é um pouco marginal. Por sua estrutura, ela entra na mesma categoria que as rebitadoras precedentes, pois agia simultaneamente sobre as duas extremidades do rebite, mas seu princípio de funcionamento estava fundado em uma separação das funções *suporte* e *martelamento*, recorrendo a dois modos de ação diferentes. O suporte era feito por uma pinça a ar comprimido e o martelamento, por um martelo pneumático batendo ao ritmo de 300 golpes por minuto sobre a cabeça do rebite, ao contrário da maioria dos inventores precedentes, cujas máquinas realizavam um sistema e um agrupamento das funções no seio de uma mesma estrutura mecânica.

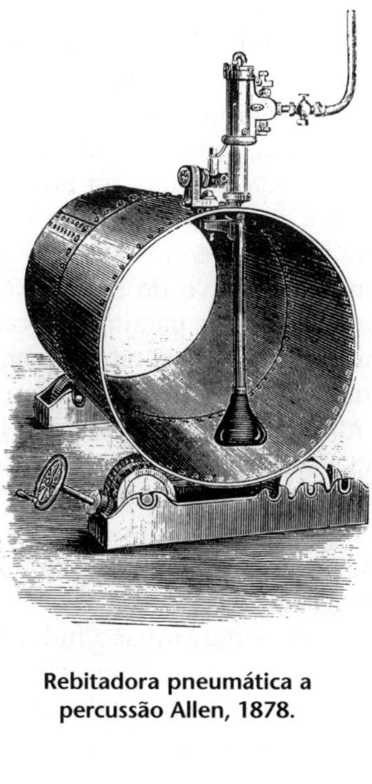

Rebitadora pneumática a percussão Allen, 1878.

Allen retomou o problema na base e atribuiu a cada função um órgão particular, por analogia com a rebitagem manual. Uma nova etapa importante foi vencida pela passagem — ou pela volta, poderíamos dizer — da *compressão* à *percussão*.

Essas máquinas pneumáticas, embora menos caras que as rebitadoras hidráulicas, só se desenvolveram lentamente, por causa do atraso dos dispositivos anexos, compressores e dutos principalmente. Mas quando os problemas foram resolvidos alguns anos depois, os martelos pneumáticos tiveram uma extensão considerável.

AS REBITADORAS MISTAS

No fim do século XIX, as rebitadoras hidráulicas invadiram o mercado, e os outros tipos se tornaram raros. O uso da distribuição de água sob pressão se difundiu amplamente na construção mecânica. Alguns fabricantes se lançaram, entretanto, na concepção de rebitadoras mistas, movidas por uma transmissão mecânica com árvore motora, para satisfazer os usuários que não haviam investido na transmissão hidráulica.

Durante esse período, quando as rebitadoras hidráulicas ainda eram mais comuns, os fabricantes, por não poderem aperfeiçoá-las de maneira significativa, tentaram acrescentar aos diferentes tipos de máquinas mecânicas uma transmissão hidráulica, a fim de remediar os seus defeitos mais graves. Assim, a máquina de rebitar criada por Husson em 1889 utilizava os princípios associados do balacim de fricção e a prensa hidráulica. Outras tentativas também seriam feitas mais tarde, para conciliar as vantagens da distribuição de energia por ar comprimido e da multiplicação de pressão pela transmissão hidráulica.

Aliás, como os motores elétricos evoluíram muito depressa no fim do século XIX, podiam ser utilizados diretamente nas máquinas. A primeira tentativa de utilização da eletricidade em uma rebitadora foi feita pelo engenheiro austríaco Kodolitsch, em 1898. Como nas máquinas precedentes, o movimento rotativo do motor elétrico foi convertido em movimento linear, por um sistema de parafuso-porca, transmitido ao cravador por uma rótula. O motor ficava constantemente em ação, e uma embreagem eletromagnética permitia a conexão do sistema no momento desejado, por meio de um simples interruptor. Não se poderia imaginar, na época, comando mais simples do que o fato de apertar um botão, esse botão que logo se tornaria o símbolo da "revolução elétrica".

A evolução das máquinas mistas entre 1880 e 1900, aproximadamente, se fez em dois tempos. Primeiro, o sucesso das máquinas hidráulicas levou os construtores a transformarem antigas máquinas mecânicas, acrescentando-lhes uma transmissão hidráulica; depois, o desenvolvimento da eletricidade acarretou uma modificação das máquinas mecânicas ou mistas, para adaptá-las a essa nova fonte de energia.

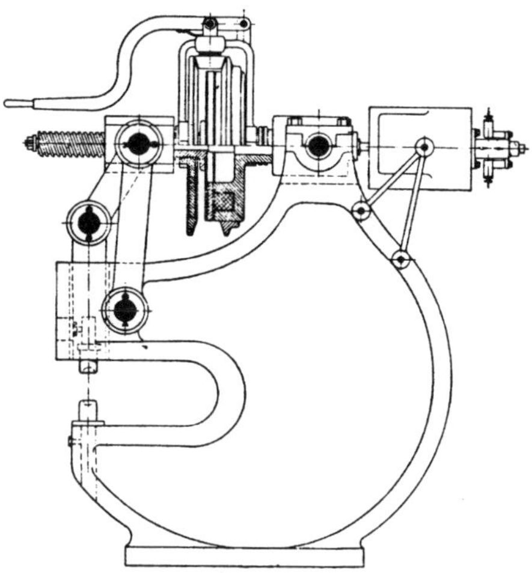

Rebitadora elétrica de Kodolitsch, 1898.

Todas as inovações importantes foram realizadas durante o século XIX. A técnica da rebitagem ficaria então estagnada, em razão da impossibilidade de mecanizá-la mais, notadamente quanto à introdução dos rebites ou seu aquecimento. Enquanto a rebitagem manual operava por percussão, as máquinas de rebitar permitiam uma cravação do rebite por forte pressão, processo que favorecia a resistência mecânica da junção. Mas foi finalmente uma volta à percussão que fez generalizar-se, em matéria de rebitagem, um aparelho tecnicamente bem mais modesto, o martelo pneumático.

A HEGEMONIA TARDIA DO MARTELO PNEUMÁTICO

Diretamente originário das perfuradoras a ar comprimido, utilizadas para a abertura de túneis e nas minas já em 1863 (perfuradora de Germain Sommeiller, registrada em 1858), o martelo pneumático permitiu, em função da ferramenta de que era munido, rebitar, aparar, martelar, burilar etc. Seu princípio de funcionamento é muito simples: os primeiros martelos pneumáticos, vindos dos Estados Unidos por ocasião da Exposição Universal de 1900 em Paris, comportavam uma única peça móvel, animada de um movimento de vaivém no interior de um cilindro, que vinha golpear a ferramenta.

O grande "martelo Boyer" com gaveta e de longo percurso, construído pela Chicago Pneumatic Tool Co, teria um rápido sucesso, em razão da sua potência e da sua adaptabilidade aos trabalhos de rebitagem, chanfradura, aparagem ou colmatagem.

A generalização do martelo pneumático ocorreria por volta dos anos 1910, tempo necessário para que as oficinas adotassem essa nova forma de trans-

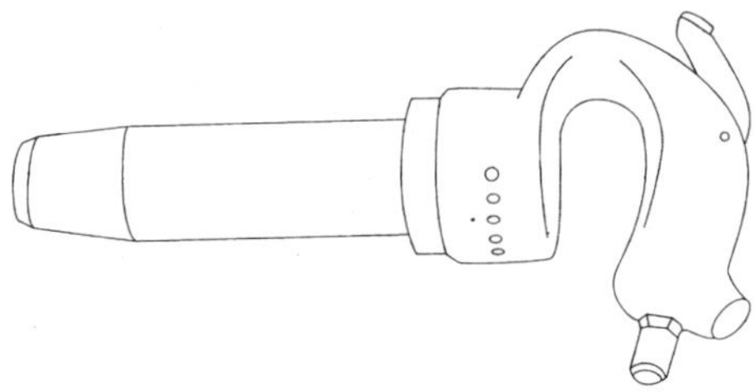

Martelo pneumático, c. 1900.

missão de potência que é o ar comprimido. Para a rebitagem, a pistola pneumática logo substituiria o martelo de mão, mais ainda porque o cravador que lhe foi adaptado permitia simultaneamente cravar os rebites e formar sua cabeça arredondada, tudo isso rapidamente e sem esforço físico importante. O martelo de rebitar se insinuou por toda parte onde a rebitadora não podia ir, e permitiu um ganho de tempo considerável. Entretanto, esse progresso teve outra face: o martelo de rebitar ocasionou um aumento dos casos de surdez profissional, já tão numerosos no mundo do trabalho do metal em folhas, a ponto de, desde o início do século XIX, se chamar esse mal de "doença dos caldeireiros".

UM SISTEMA HOMENS-MÁQUINAS BLOQUEADO

O sistema técnico representado pela rebitagem pode parecer um *sistema bloqueado*, que ficou atrasado em relação às outras técnicas, e que chega ao começo do século XX em tal estágio que não pode mais se desenvolver. Aliás, a operação de rebitagem sempre foi considerada dispendiosa e insatisfatória, em vários pontos.

Enquanto para operações como a *forjadura* os martelos-pilões (surgidos por volta de 1840) e depois as prensas permitiram substituir, na fabricação em série, muitos ferreiros qualificados por simples operários especializados, a rebitagem não evoluíra em meio século. Aliás, devia-se enfrentar os problemas inerentes a essa técnica, em primeiro lugar os defeitos decorrentes da instalação. Muito cedo, aparelhos a vapor explodiram e os engenheiros se dedicaram a esse problema difícil, freqüentemente ligado a avarias no nível das brochas.

Uma solução alternativa era conhecida havia muito tempo: a técnica da *soldagem*; mas, durante todo o século XIX, o estágio das técnicas metalúrgicas não permitiu soldar corretamente chapas largas, por questões de heterogeneidade e de deformações do metal. Estava-se diante de um problema técnico que ficou estagnado durante muito tempo, e ao qual se dedicaram muitos metalúrgicos e engenheiros, antes que a soldagem oxiacetilênica se tornasse enfim disponível. Então, um *soldador*, com seu maçarico, passou a substituir vantajosamente uma equipe de rebitadores, em tempo e em custo de mão-de-obra. Assim desaparece em grande parte, entre as duas guerras mundiais, essa estrutura ainda artesanal da equipe de rebitadores, nascida com a revolução industrial. Foi na construção naval que ela subsistiu mais tempo, porém em proporções sem comparação com a era industrial.

O MITO DA MÁQUINA AUTÔNOMA

O caso das máquinas de rebitar nos oferece uma lição interessante sobre a história da inovação técnica durante a civilização industrial. O historiador não pode deixar de admirar os tesouros de engenhosidade que se expandiram durante cerca de um século para *mecanizar*, e depois *automatizar*, uma operação como a rebitagem, mas ao mesmo tempo só pode ficar surpreso com o fracasso dessa busca. Pois trata-se realmente de um fracasso. Enquanto para muitas operações industriais diferentes etapas foram vencidas, da mecanização à automatização, para se chegar geralmente à máquina de transferência ou à oficina flexível — o exemplo da indústria automotiva é típico — só foi possível obter da rebitadora mecânica uma ação: *cravar* os rebites. A perfuração dos orifícios, o aquecimento e a introdução dos rebites continuavam a ser realizados manualmente.

Para compreender essa situação, é preciso voltar ao desenvolvimento dessas máquinas, sublinhando também a importância das ligações entre os diferentes setores da técnica. O número crescente de rebites a serem instalados durante o século XIX e o custo proibitivo da operação levaram os engenheiros a efetuar suas pesquisas em três direções paralelas:

1. *mecanizar a instalação* dos rebites para melhorar a produtividade;
2. encontrar um método de *junção alternativo*;
3. aumentar o *tamanho das placas* para diminuir o número das junções a realizar.

Os dois primeiros pontos resultaram na criação respectivamente das rebitadoras e da soldagem. Em contrapartida, o terceiro explica em boa parte a rápida obsolescência das diferentes máquinas. A dimensão das placas era limitada, no início da revolução industrial, pela qualidade dos ferros — ferro maleável, essencialmente — e pelo tamanho dos cilindros de laminador. Até os anos 1820, as placas não ultrapassavam 50cm de largura. A primeira máquina de rebitar de Fairbairn dispunha, em 1838, de uma abertura de 1,40m, satisfatória para a época. Mas os progressos da metalurgia permitiram obter rapidamente placas mais largas e, conseqüentemente, as aberturas das máquinas de rebitar tiveram de aumentar progressivamente até cerca de 1,60m por volta de meados do século. Com o aumento dessa discrepância, as rebitadoras se tornaram cada vez mais pesadas e caras, e cada vez menos manejáveis. O recurso ao aço forjado e à energia hidráulica permitiria torná-las mais flexíveis, mas à custa da sua abertura. Só as grandes empresas poderiam construir ou comprar essas máquinas, mas, como no caso de Creusot, as esplêndidas rebitadoras de que dispunham certas oficinas serviriam apenas, infelizmente, para fabricações muito especiais... ou para visitas oficiais. Foi por isso que as rebitadoras só seriam utilizadas com proveito na construção metálica, para a fabricação de vigotes em oficina, mas amplamente subutilizadas na grande caldeiraria ou na construção naval.

Os esforços dos engenheiros se voltaram por muito tempo para a mecanização de uma operação dificilmente modelizável. Esforços para criar máquinas certamente eficientes e que demonstravam um saber perfeitamente dominado, mas produzindo afinal apenas progressos mínimos. O recurso tardio mas geral ao martelo pneumático é testemunha desse fracasso dos engenheiros diante de uma técnica que só se justificava para práticas artesanais.

Talvez possamos ver nisso um dos mitos dinâmicos que, além de fatores técnicos ou socioeconômicos, subjazem à orientação do progresso humano. No nosso caso, essa procura por uma máquina perfeita procede do mito do robô, do mito da fábrica sem operários, que está na mente de todo industrial. E esse mito fundamental leva a situações paradoxais como a da rebitagem, na qual, durante quase um século, os engenheiros "engenharam" uma máquina ideal, sem perceber que, afinal, estavam resolvendo um falso problema...

Segunda parte:

O HOMEM E A MÁQUINA

1 As máquinas que queriam imitar o homem

No pequeno mundo das máquinas complexas, os autômatos representam certamente a tradição mais antiga e mais constante, desde os da Antigüidade até as máquinas industriais — autômatos programáveis — que montam nas fábricas automóveis, computadores etc. Essa tradição não foi interrompida, e transmitiu-se dos gregos aos árabes, e depois aos engenheiros italianos do Quattrocento, antes de constituir a base das máquinas da revolução industrial. Durante os dois últimos séculos, a repercussão do progresso da indústria introduziu toda essa família de máquinas em um número crescente de residências. O que durante muito tempo foi um divertimento de salão, um jogo mundano, encontra-se agora nos nossos lares, no nosso cotidiano mais banal.

A dinâmica de conjunto dessa aventura está numa tendência de imitação dos órgãos e das funções do homem, que vai da mão ao cérebro. Pode-se assim constatar que a máquina foi primeiramente um prolongamento da mão e dos membros do homem (era da mecânica), depois tentou imitar os órgãos sensoriais (era do audiovisual), antes de ser um prolongamento da sua inteligência (era da cibernética). A exemplo dos fractais — para utilizar um modelo hoje familiar — essa tendência também pode ser lida tanto na longa duração da história quanto nas microevoluções dos próprios objetos técnicos. Em duas palavras, a máquina é *material*, antes de tornar-se *imaterial*.

O CABO E O TELECOMANDO

Originariamente, a estrutura técnica mais elementar é a ferramenta de pedra do *Homo habilis*. Mas muitas vezes tendemos a esquecer um órgão fundamental inventado pelo *Homo sapiens sapiens*, há pelo menos 25 ou 30 mil anos: o *cabo*. O fato de acrescentar um cabo de osso a uma ferramenta de pedra é certamente a primeira manifestação tangível de uma *intenção* mecânica: prolongar o comprimento do braço para aumentar a potência do golpe e, paralelamente, aumentar o raio de ação do homem.

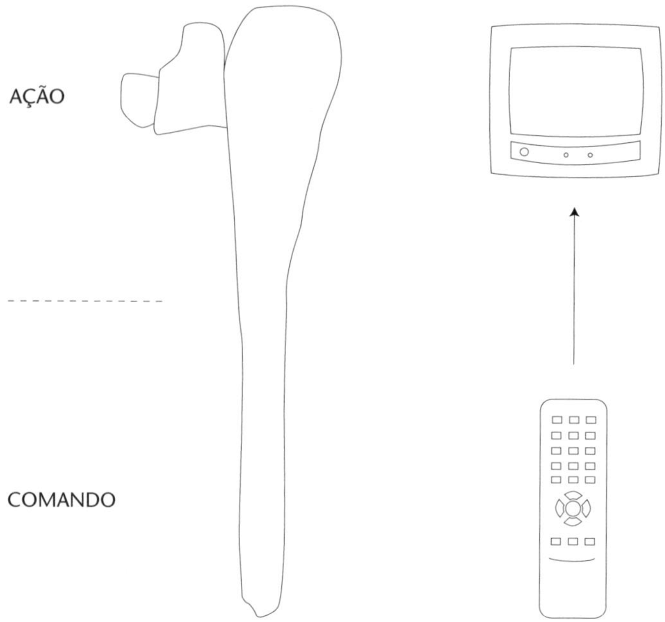

Machado pré-histórico e controle remoto de televisão.

Mais de cinco milênios depois dessa invenção capital, o homem reinventa um novo cabo, imaterial: o controle remoto. Sentado em sua poltrona, o homem moderno prolonga os órgãos do braço, não mais por um cabo, nem mesmo por um fio, mas por uma ligação invisível, até o televisor, a lâmpada elétrica, o aparelho de som ou o carro. Um punhado de resina epóxi, silício e plástico substituiu o cabo de osso ou de madeira. A mão continua segurando um órgão material, mas a ligação com a própria ferramenta se tornou imaterial. A técnica é profundamente diferente, mas a função é a mesma: prolongar os órgãos e os sentidos do homem. Sem dúvida, a complexidade do telecomando, do ponto de vista tanto material quanto informático, não tem nada de comparável com a simplicidade estrutural do cabo de ferramenta, mas essa diferença não deve ser interpretada como um sinal de maior inteligência humana. O passo que representou o advento do cabo no sistema técnico do paleolítico superior foi certamente bem mais importante do que aquele dado pelo seu descendente dos anos 1980, que criou o comando a distância. Assim acontece, na história das técnicas: inventa-se, quase sempre, a partir do existente; é uma história *cumulativa*.

Essa mutação profunda do material para o imaterial não se fez de um dia para outro, mas, evidentemente, ao longo dos últimos séculos e em várias etapas. O exemplo que nos dá o mecânico do Século das Luzes, Jacques Vaucanson, é notável em muitos aspectos.

JACQUES VAUCANSON E O HOMEM ARTIFICIAL

Jacques Vaucanson foi um dos homens que deixaram em nossa memória técnica marcas variáveis, em função da cultura de cada um. Construtor de autômatos por paixão, inspetor das manufaturas por necessidade, exibidor do famoso "pato digestor" e inventor de máquinas, Vaucanson pode ser considerado, com justiça, como o arquétipo do engenheiro mecânico do século XIX: um mecânico hábil e engenhoso inicialmente, que exerce depois os seus talentos na realização de máquinas destinadas a suplantar o homem nas tarefas repetitivas. Foi sob essa ótica que ele construiu, como vimos acima, o tear automático.

Mas, durante toda a vida, Vaucanson perseguiria um objetivo único: construir um homem artificial. Estudando a anatomia e a medicina, avançou passo a passo para essa realização e apresentou em 1741, na Academia de Lion, o projeto de uma "figura autômata que imitará em seus movimentos as operações animais ... e poderá servir *enfim* para fazer demonstrações num curso de anatomia" (Doyon e Liaigre, 1966, p.148). O caminho percorrido por Vaucanson de Grenoble a Paris, dos primeiros mecanismos ao "pato digestor", seguiu a direção que mencionamos acima, do material para o imaterial. No início, nosso mecânico estudou as funções *mecânicas* do corpo: os movimentos dos dedos, dos lábios. E associou a estas uma primeira dificuldade: o controle preciso, delicado, do sopro do "flautista".

Com o pato, os problemas se complicaram. A imitação da motricidade é sempre efetiva no movimento das asas, mas Vaucanson acrescentou a da ingestão e da digestão. O pato comia grãos, digeria-os e expulsava os excrementos. Posteriormente, soube-se que a digestão não passava de um truque. Mas o mecânico estava tão certo de conseguir reproduzi-la um dia, que não o condenaremos por ter tomado seus desejos de automação por realidades práticas. A fase seguinte deveria ser um *autômato falante*, a palavra sendo então considerada a derradeira etapa para se chegar ao homem artificial. Como dizia, elogiando-o, o seu contemporâneo Julien Offroy de La Mettrie, uma tal máquina "não pode mais ser considerada impossível, principalmente nas mãos de um novo Prometeu" (La Mettrie, 1981, p.143). Para realizar esse projeto do homem falante, assim como o de um autômato com circulação de sangue, Vaucanson teve de recorrer à competência do grande químico Pierre-Joseph Macquer, que conseguiu, pela primeira vez, dissolver látex com éter. De posse dessa matéria elástica completamente nova, o caminho ficava aberto para criar vasos imitando veias e artérias. Mas, ao que parece, a lentidão burocrática teria feito fracassar o projeto desse autômato com circulação sangüínea, cuja fabricação fora prevista diretamente na Guiana, país produtor da preciosa substância tão próxima dos tecidos humanos.

De qualquer forma, as tentativas de Vaucanson em matéria de autômatos e de anatomias móveis foram freadas desde 1739, em razão da nova tarefa de envergadura de que foi incumbido: reorganizar a indústria francesa da seda.

Era a ocasião de confrontar os seus talentos de mecânico com as realidades econômicas e sociais. Tentando normatizar os atos, os gestos dos operários, assim como as dimensões das peças das máquinas, encontrou um campo de pesquisa muito mais real, que lhe permitiu anunciar o vasto movimento de padronização e de organização das oficinas, que se desenvolveria no século seguinte.

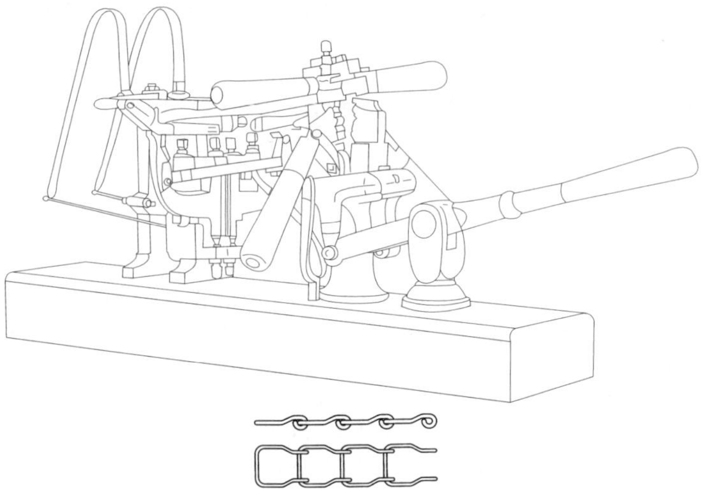

Máquina de fazer cadeias de Vaucanson e a cadeia pronta.

Sua necessidade natural de tratar pela mecânica os problemas que se lhe apresentavam fez de Vaucanson um personagem central desse período de mutação. As realizações que promoveu para resolver as diferentes dificuldades técnicas são de primeira ordem. Para construir o seu moinho de torcer a seda, dotado de uma transmissão por cadeia, inventou uma engenhosa máquina para fabricar essa cadeia, utilizável por um operário não-qualificado. Para usinar as calandras para pressionar a seda (grossos cilindros de cobre), criou o primeiro torno móvel de ferro.

Essa evolução, do mecânico ao fabricante de autômatos, e depois ao organizador, prefigura o engenheiro do século seguinte. Vaucanson dedicava a sua cultura técnica ao serviço do mito do autômato, que o homem sempre procurou materializar. Da análise anatômica detalhada, necessária para a realização de um andróide tão próximo quanto possível da realidade, até a análise dos gestos de trabalho, visando reorganizar um posto de trabalho ou uma cadeia de fabricação, o procedimento é idêntico.

Ao mesmo tempo, essa concepção mecanicista, que passou da teoria dos filósofos do século XVII para a aplicação industrial, levaria Vaucanson a envolver-se nos conflitos inerentes a todo empreendimento de reforma que afete ao mesmo tempo as práticas e o status dos trabalhadores. Aliás, as reações com que se chocou em 1744, quando tentou impor o seu tear automático, foram muito fortes. Não se manipulam operários tecelãos apoiados numa sólida tradição secular como simples autômatos... Os problemas do maquinismo industrial já estavam subjacentes, mesmo que homens como Vaucanson, a um só tempo técnico de alto nível e humanista esclarecido, imaginassem um universo idílico, em que o homem seria libertado pela máquina onipotente.

Mas o Século das Luzes não nos deixou órfãos. Legou-nos alguns soberbos espécimes de autômatos, ainda hoje em atividade. São eles, na Suíça, *O Pequeno Escritor* e *A Musicista*, de Jaquet-Droz, e em Paris, no Museu de Artes e Ofícios, *A Tocadora de Tímpano*, robô musicista de Maria Antonieta. Como *O Flautista* de Vaucanson, *A Tocadora de Tímpano*, construída por David Roentgen e Pierre Kintzing em 1780, é um autômato que realmente toca música, no caso um tímpano ligeiramente modificado, para permitir o movimento automático. Ainda capaz de tocar para nós as sete melodias guardadas na sua memória de cobre, a timpanista é uma das peças principais do Museu de Artes e Ofícios.

O ROBÔ ENTRA NA FÁBRICA

Função por função, pedaço por pedaço, os progressos se sucedem para *pôr o homem na máquina*. Os autômatos do século XVIII já eram capazes de motricidade, de movimentos programados. Ao longo da civilização industrial, a atração pelos andróides parece diminuir e as tentativas se fazem mais raras. Na verdade, assiste-se a um deslocamento dos campos de interesse. Na bulimia de máquinas do século XIX, os autômatos deixam o salão para entrar na fábrica. As máquinas-ferramentas são a sua tradução industrial direta. Essas novas máquinas não se assemelham mais a humanos em sua forma, mas prolongam os seus gestos, multiplicam a sua potência.

As lixadeiras, entalhadeiras, fresas, rebitadoras etc., únicos seres no feminino no mundo masculino do trabalho industrial, fazem os mesmos gestos de modelagem da matéria, no lugar do homem. É essencialmente durante a primeira metade do século XIX que, com a colaboração dos construtores ingleses, a indústria das máquinas-ferramentas faz progressos consideráveis. Em sua estrutura e muitas vezes em seu princípio, a maioria das nossas máquinas modernas para trabalhar a matéria surgiu antes de 1850. A Exposição Universal de 1851 em Londres, sob as cúpulas de ferro e vidro do Palácio de Cristal, celebra a máquina, numa festa grandiosa.

O sucesso dessa aventura tem um preço: de um lado, engenheiros planejam seres mecânicos geralmente competentes e dóceis; do outro, operários servem a essas novas máquinas. Nos primeiros tempos da informática pessoal, o fabricante dos microcomputadores Apple construía suas campanhas de publicidade a partir de uma idéia simples: até então, os homens tinham de aprender a linguagem do computador; agora, as máquinas aprenderam a falar a linguagem dos homens. Essa filosofia, verdadeira profissão de fé do ergônomo, poderia aplicar-se globalmente à evolução das máquinas da era industrial. No começo do século XIX, as máquinas reinam na oficina, integrando o saber-fazer dos "companheiros"; o homem, desqualificado, está ali apenas para *servi-las*. O ritmo do operário deve adaptar-se ao da máquina. A tendência se inverte ao longo do século, e a máquina volta a ser, em muitos setores, assistente do homem. Os saberes são novamente transferidos. O homem manda, a máquina obedece.

O "servomotor, ou motor servente", de Joseph Farcot (1823-1906) ilustra bem o novo lugar do autômato. Esse dispositivo de *servidão*, antepassado da direção hidráulica dos nossos carros, foi inicialmente imaginado para acionar o leme dos grandes navios, recorrendo à força do vapor. No registro da sua invenção, de 1868, Farcot utiliza a metáfora do cavaleiro, que "sabe dirigir o seu robusto cavalo com leves pressões das mãos; este segue o seu menor capricho com uma grande força". Aliás, no seu engenhoso dispositivo, dá aos "órgãos que permitem modificar com a mão a distribuição ou o afastamento do ponto morto" o nome de *rédeas* (Laboulaye, 1886).

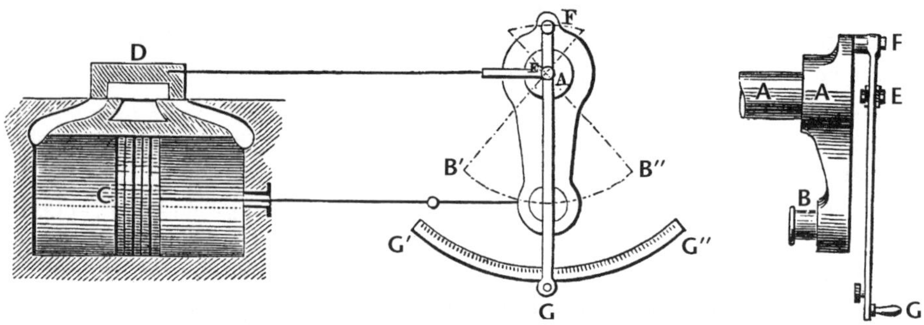

Princípio do servomotor de Farcot. Quando se desloca o cabo G, a gaveta faz entrar o vapor em uma das câmaras do cilindro C, que empurra a manivela B, ligada ao leme. As peças são dispostas de tal modo que o deslocamento pára quando B está alinhado com AG.

A ERA DO AUTÔMATO DE COMUNICAÇÃO

Enquanto a fábrica emprega esses autômatos de metal, alguns sábios loucos acham de imitar as funções não-mecânicas do homem, como a sua faculdade de comunicar-se com o ambiente, com os seus semelhantes. Cem anos depois do robô falante imaginado por Vaucanson, surgem as primeiras máquinas que falam. A gravaçao sonora e o telefone, ambos inventados por Alexander

Graham Bell em Boston, em 1876-77, não criam linguagem, mas, como os autômatos, sabem repetir os sons ou prolongar os órgãos humanos a distância. Depois do gesto, a palavra. Vinte anos mais tarde nascerá o cinema, que ficará sendo, durante muito tempo, uma das formas mais avançadas do autômato moderno.

Mas os primeiros passos do audiovisual não datam da era industrial. O padre jesuíta Athanase Kircher (1602-1680) já traçava os seus primeiros esboços, estudando o som e a imagem e chegando à criação da lanterna mágica. Proveniente das preocupações científicas desse mesmo século XVII, o microscópio segue até hoje como instrumento privilegiado de estudo da vida. O microscópio (construído por volta de 1751) e a grande máquina eletrostática do duque de Chaulnes nos dão uma imagem fiel dos centros de interesse do século da *Enciclopédia*. Nesse contexto, é impossível dissociar pesquisa e divertimento,

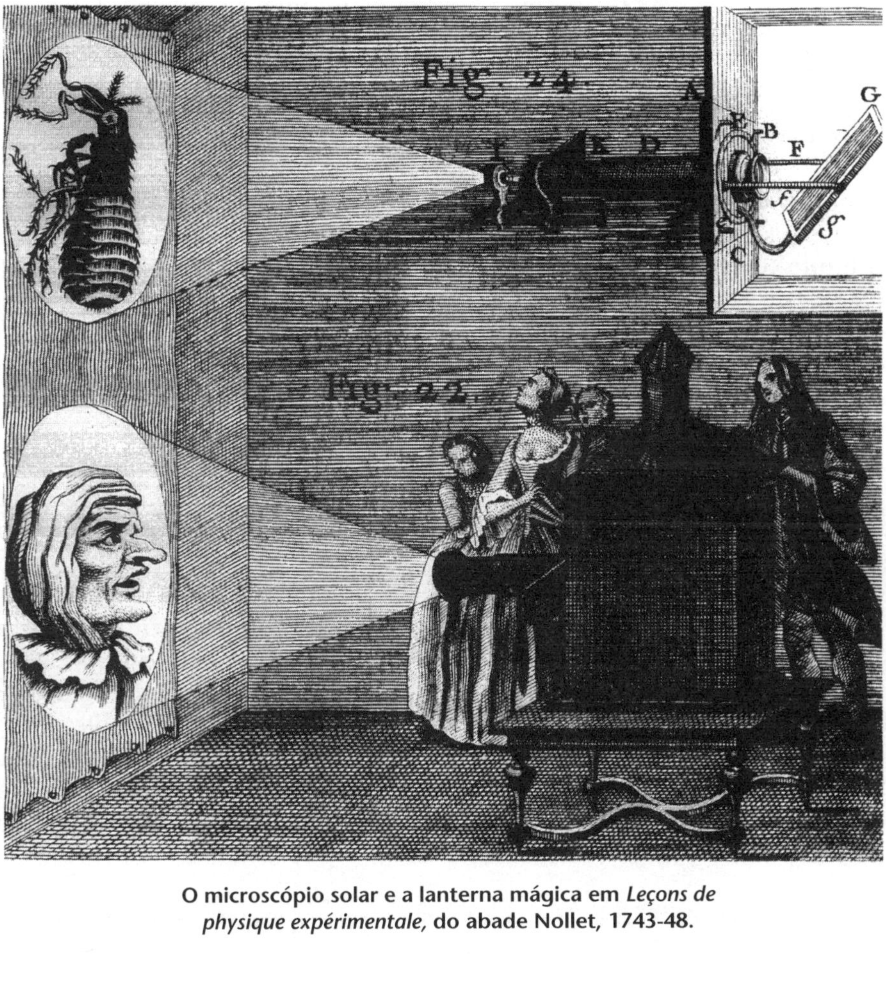

O microscópio solar e a lanterna mágica em *Leçons de physique expérimentale,* do abade Nollet, 1743-48.

instrumento científico e objeto de arte. É a época em que o abade Nollet projeta na parede a imagem de uma pulga ampliada no microscópio solar, enquanto Robertson apresenta, no Palais-Royal, os seus espetáculos de Fantasmagorias, com mais ou menos o mesmo material.

A grande aventura do audiovisual e da comunicação tomará sua verdadeira dimensão com o advento da fotografia, do telefone, da gravação sonora, da imagem animada etc. Afinal, muito logicamente e na linhagem dos sábios dos séculos precedentes, não são homens da técnica que inventam essas máquinas de comunicar. Samuel Morse era pintor, Charles Cros, poeta, e Alexander Graham Bell, fisiologista. O que se vê entrar na máquina, nesse século da indústria, são os *sentidos* do homem. Evidentemente, trata-se apenas do tímido começo do que vivemos hoje, mas a origem dos inúmeros captores sensoriais que nos assistem agora já está presente.

Na era do audiovisual, nada mais parece escapar a esses órgãos bem reais que sentem, provam, tocam por nós. Mas esse ser artificial, "em kit", que se constrói pouco a pouco, continua tendo, em meados do século XX, faculdades intelectuais bem limitadas.

A INTELIGÊNCIA NA MÁQUINA

Quando Vaucanson trabalhava no seu homem artificial, pensava mesmo em dotar esse ser de um mínimo de inteligência? Essa idéia ocupou muita gente, há muito tempo — e Pascal, com sua máquina de calcular, dera um grande passo nesse sentido —, mas essa última característica do ser humano parecia mesmo ao alcance do nosso mecânico? No ponto em que está a questão, a partir do momento em que a inteligência artificial se tornou uma expressão corrente, mesmo não sendo literalmente uma realidade, temos o direito de pensar que, para Vaucanson, tudo isso devia ser uma louca utopia.

De qualquer forma, certas centelhas de inteligência foram realmente objeto de realizações mecânicas. A *inteligência artificial* tem hoje o mesmo papel que o homem artificial do tempo de Vaucanson. Essa expressão, forjada em 1956, designa "uma disciplina que tem por objeto o conjunto dos fenômenos constitutivos da inteligência humana, [e] como objetivo a construção de mecanismos que apresentem as características de um comportamento inteligente". Para alguns o resultado está próximo; assim, Marvin Minsky, especialista em inteligência artificial, pensa que, daqui a algumas décadas, nascerão máquinas dotadas da "inteligência geral de um ser humano médio". Simplesmente porque, como afirma um outro eminente especialista, Edward Feigenbaum, "nosso cérebro é apenas uma poderosa máquina de tratamento de informações, e nada mais".[1] Mas então, a nossa inteligência se resumiria ao cálculo.

1. "Polémique autour de l'intelligence artificielle", *Les Nouvelles Littéraires*, n.6, mar 1986, p.77.

Com essa hipótese, que já era a de Hobbes no século XVII — raciocinar é calcular —, não há mais dúvida alguma; no ritmo em que vai hoje a informática, a máquina pensante é para já, e o sonho de Alan M.Turing vai se realizar. Esse grande visionário da informática dizia em 1950: "No fim do século, o uso do vocabulário e o nível geral de cultura terão evoluído tanto que poderemos falar de máquinas pensantes sem medo de que alguém nos contradiga."[2]

Esse debate é exatamente análogo àquele que apaixonava os filósofos e eruditos dos séculos XVII e XVIII. E a armadilha é a mesma. Vaucanson acreditava, com o seu autômato falante, vencer o último obstáculo que o separava do homem artificial. Com nossos computadores, alguns acreditam no advento próximo de uma verdadeira inteligência artificial, de seres capazes de pensar, raciocinar, ao passo que eles apenas *calculam*, e temos tanto a aprender sobre o funcionamento do cérebro humano...

Finalmente, isso não nos impede de utilizar cotidianamente os *softwares*, que são aplicações da inteligência artificial, consultando a previsão da meteorologia, submetendo-nos a exames médicos a distância, ou procurando informações na Internet, com a ajuda de eficazes e discretos "suportes informáticos inteligentes".

Até onde irá o desejo de poder do homem? pergunta Gilbert Simondon: "O homem que quer dominar os seus semelhantes suscita a máquina andróide. Então, abdica em favor dela e delega-lhe a sua humanidade. Procura construir a máquina de pensar, sonhando construir a máquina de querer, a máquina de viver, para ficar por trás dela, livre da angústia, a salvo de qualquer perigo, isento de todo sentimento de fraqueza, triunfando de maneira mediata através daquilo que inventou" (Simondon, 1989, p.10).

O que se deve guardar como lição dessa breve viagem pela história das criaturas artificiais? Primeiro, que o mito do autômato não morreu, mas esse ser artificial mudou muito durante os dois últimos séculos. Com Vaucanson, ele tinha forma humana, e todas as suas funções estavam integradas num mesmo sistema. Hoje, não é mais nessa forma humana que o mito se cristaliza, mas em funções desencarnadas. Philippe Breton, concluindo a sua história dos seres artificiais, pergunta o que será dessa representação do homem: "A mudança profunda que despojou a inteligência artificial da sua missão de encarnar o projeto de uma criatura à imagem do homem está sem dúvida em outro ponto" (Breton, 1995, p.178). Esse novo ser artificial é fragmentado. Seus membros estão na fábrica ou na casa do "bricoleur", seu cérebro entrou, por pedaços, no computador, é claro, mas também nos muitos processadores que auxiliam o nosso cotidiano: injeções eletrônicas, máquinas de lavar, calculadoras, metrô automático... Seus sentidos, enfim, estão espalhados por toda a parte. Os sensores de temperatura, de pressão, de proximidade, os microfo-

---

2. Citado por Harry M. Collins, *Experts artificiels. Machines intelligentes et savoir social*, Paris, Seuil, "Science ouverte", 1992, p.249.

nes, as câmeras são as extremidades dos tentáculos que cheiram, sentem, escutam, olham, com uma acuidade extraordinária.

Afinal, o homem de hoje sente que esse ser artificial está demasiado ao seu alcance para querer reconstituí-lo verdadeiramente. Quem sabe? Se reunissemos todos os seus pedaços, todas as suas funções, sob uma mesma forma humana, esse ser talvez desejasse, finalmente, tomar o nosso lugar. É o que todos os robôs nos dirão.

2 Tintim no país das máquinas

A imagem da técnica, e mais genericamente das técnicas, na literatura já foi tema de trabalhos sérios e quase sempre apaixonantes (Beaune, 1998, Démoris e Meurillon, 1982, Rossi, 1996). Ora, a literatura em quadrinhos, que atinge atualmente um imenso público, ainda não teve o tempo de suscitar uma síntese histórica sobre o assunto. Assim, vou me limitar a abordar a questão por meio de um único exemplo, Hergé, porém muito interessante, por duas razões: primeiro, pela ampla difusão de suas obras, depois pelo período que estas cobrem. Efetivamente, cerca de meio século separa o Totor do *Petit Vingtième** do herói do último álbum inacabado de Hergé, *Tintin et l'Alph-Art*. Meio século durante o qual o mundo sofreu consideráveis abalos.

Parece que, inicialmente, o jovem Georges Rémi foi mais marcado pelas técnicas do século XIX do que pelas do século XX. A primeira máquina, verdadeira, grande, que aparece nas aventuras de Tintim não é nem o automóvel, que o nosso herói constrói a partir de peças recondicionadas em *Tintim no Tibete*, nem a locomotiva de *Tintim na África*, que um simples choque contra o carro do herói basta para derrubar. Não, essa primeira máquina é uma fábrica. Uma fábrica americana que, a partir de bois que desfilam sobre uma esteira rolante, despeja continuamente latas de carne em conserva e salsichas; com um sentido de humor muito próximo do humor de M. Hulot em *Meu tio* (1958), de Jacques Tati, às voltas com a mangueira de plástico, que sai ininterrupta e anarquicamente da sua fábrica-modelo Plastac.

A fábrica de conservas Slift de *Tintim na América*, publicado em 1932, é o arquétipo da fábrica ideal sonhada pelos engenheiros há mais de um século: totalmente robotizada, sem operários. É o modelo americano, tal como aparece ao autor, e aos seus jovens leitores do velho continente. Por azar — exceto para o nosso herói, que escapará miraculosamente — uma greve paralisará a máquina, mostrando-nos assim os limites da automatização. Essa unidade de

* Manteve-se o título original no caso das obras não publicadas no Brasil. (N.T.)

produção, praticamente a única da sua obra na qual Hergé nos faz penetrar, representa bem o resultado do progresso da revolução industrial, na sua busca da produção contínua. Voltaremos depois a essa oposição entre o movimento entrecortado, linear e repetitivo próprio ao gesto do artesão e o movimento da máquina, contínuo, organizado em torno da roda.

Mas o que agrada principalmente a Hergé é bloquear a mecânica, enguiçar a máquina, como aliás a de M. Hulot, ou a dos *Tempos modernos* de Chaplin em 1936, praticamente contemporâneo de *Tintim na América*. O autor nos faz entrar simultaneamente na realidade cotidiana da técnica e num dos motores clássicos do efeito cômico. A visão da técnica dada por Hergé nos seus primeiros álbuns parece pois muito simplista, no desenho sempre maravilhosamente depurado e na sua própria consistência. O autor não entra num mundo complexo, que afastaria o leitor, nem procura explicá-lo, mas nos vemos diante de uma gigantesca caixa preta, com matérias-primas que entram e produtos acabados que saem.

Nisso, as aventuras de Tintim diferem nitidamente da literatura de ficção científica que se desenvolverá ao longo do século. Hergé não toma o mesmo caminho que Edgar Pierre Jacobs, por exemplo, que entretanto colaborou muito com os trabalhos de Hergé.

A IMAGEM DA TÉCNICA EM TINTIM

Se mergulharmos, com um prazer sempre intacto, no conjunto das aventuras de Tintim, perceberemos então que nosso repórter favorito é mesmo um homem do "grande século XX". Sem entrar nos detalhes das principais inovações dispersas pelos cerca de 50 anos da sua existência, podemos notar imediatamente que Tintim abordou as principais etapas do progresso técnico. Mas um progresso utilitário e cotidiano. Dois setores da técnica atravessam a obra: os transportes e as telecomunicações. As grandes aventuras técnicas e humanas do pós-guerra também são evocadas, através do nuclear, civil e militar, e da conquista espacial.

Se os meios de transporte, notadamente o automóvel, o trem e o avião, são naturalmente indispensáveis para as viagens de um repórter que percorre os cinco continentes, só podemos ficar seduzidos pelo luxo de detalhes, pela precisão que Hergé dá às suas representações, com a cumplicidade de Bob De Moor, que sempre zela pela fidelidade dos desenhos. Vários "tintinólogos" tentaram encontrar o tipo exato dos trens e dos aviões representados nos álbuns, assim como a abundante documentação técnica reunida por Hergé.

O episódio de "*A ilha negra*" é exemplar, nesse aspecto. Quando da publicação desse álbum no Reino Unido, os ingleses assinalaram centenas de erros ou imprecisões, que levaram o desenhista a confiar a Bob De Moor a realização de uma versão modernizada e muito mais precisa do volume. Os automóveis, os trailers, os trens, os caminhões de bombeiro e evidentemente os aviões foram redesenhados e atualizados. Só os Dupond e Dupont não tiveram direito ao progresso, devendo contentar-se com um velho biplano De Havilland Tiger Moth, cujas acrobacias aéreas são, no entanto, muito mais realistas! Ao longo dos álbuns, essa vontade de precisão se afirmou constantemente e o autor recorreu, para as máquinas mais complexas, a maquetes como a do foguete lunar, ou à assessoria de especialistas como Alexandre Ananoff, para a astronáutica.

Mas a presença tão visível e constante dos meios de transporte tenderia a mascarar a de outro setor essencial das técnicas no século XX: as telecomunicações. Sem dúvida, elas são essenciais para um repórter, mas Tintim manipula os aparelhos de rádio com uma familiaridade jamais vista. Já em *O lótus azul*, utiliza um velho aparelho com bobina de indução. E o rádio terá um papel determinante nas aventuras. É como operador do rádio de bordo que ele embarca no *Speedol Star*, em *Tintim no país do ouro negro*. Não estamos no terreno da ficção científica, mas no interior de uma antecipação ligeira, de uma projeção num futuro mais ou menos próximo, que terá a sua consagração em *Rumo à lua* e em *Explorando a lua*. Nesses dois volumes, Hergé imaginou muitas inovações que efetivamente se realizariam quando o homem caminhou, de verdade, sobre a Lua, em 20 de julho de 1969. Mas o que ele não imaginou foi que o mundo inteiro poderia acompanhar, ao vivo, pela televisão, esse acontecimento simbólico. A televisão que, justamente, teria um papel nos seus últimos álbuns, com o Professor Girassol inventando — coisa que o historiador das técnicas às vezes esquece — o primeiro sistema de televisão em cores, o Supercolor-Tryphonar.

O CASO GIRASSOL

Nas aventuras de Tintim, como aliás no mundo do século XX em geral, às vezes é muito difícil dissociar o que pertence à técnica e o que pertence ao mundo da ciência. Um personagem encarna, sozinho, essa estreita imbricação das duas áreas: Trifólio Girassol. Como observou Michel Serres, "Girassol mudou de ciência. ... O inventorzinho dos concursos populares se tornou físico nuclear" (Serres, 1977, p.197). Quando o nosso professor aparece, em *O tesouro de Rackmam*, o terrível, num pequeno apartamento, onde se amontoam as suas invenções: a cama dobrável na parede, o submarino-tubarão, um novo tipo de gasogênio e, principalmente, a espantosa máquina de escovar roupa, cuja dilacerante eficiência o capitão Haddock experimentará... O mundo do Professor Girassol está mais próximo da já mencionada fábrica Slift do que da propulsão nuclear do foguete lunar. Ainda estamos no mundo técnico do século XIX, mesmo que — visão muito inovadora — o submarino seja dotado de uma propulsão elétrica. Nos álbuns seguintes, o inventor dá lugar ao engenheiro que planejará o foguete lunar, o emissor de ultrassons (*O caso Girassol*) ou a televisão em cores (*As jóias da Castafiore*), mas, curiosamente, aquele que é chamado de "professor" Girassol se revelará um especialista em física nuclear.

A imagem do nosso personagem não poderia ser mais ambígua: inventor genial, engenheiro eficiente ou cientista maluco? Se enumerarmos os seus modelos, reais como o professor Auguste Piccard (1884-1962) ou imaginários como Philémon Siclone (*Os charutos do faraó*), Hippolyte Calys e Philippulus (*A estrela misteriosa*), ou Nestor Alambique (*O cetro de Otokar*), o Professor Girassol oferece a imagem do sábio simpático e distraído, na linhagem do doutor Nimbus e do sábio Cosinus. E se Hergé batizou com o nome de uma flor que sempre olha para o sol aquele que sempre está no mundo da lua, alguns tradutores não hesitaram em lhe dar um nome terminado em "us", fiel à sua linhagem: ele se chama Cuthbert Calculus nas traduções anglo-americanas, e Phosphaatus em africânder! Em contrapartida, ele nada tem do doutor Septimus, criado por Edgar P. Jacobs em *A marca amarela*, representação mais do sábio louco do que do sábio "desligado" à maneira de Zéphyrin Xirdal de *A caça ao meteoro*, de Júlio Verne. No caso, se não se parece com o Mortimer de Jacobs, Tournesol não é menos dotado da mesma qualificação de professor de física nuclear, o que, em 1946, quando foram criados Blake e Mortimer, era uma profissão de alta tecnologia.

Mas então, perguntaremos ainda por muito tempo, por que esse engenheiro-físico sempre se recusou, exceto quando da sua conquista lunar, a usar uma prótese auditiva? E, principalmente, o que o levava a recorrer tantas vezes à radiestesia, já que o único pêndulo aceito pela ciência é o de Foucault...? Em geral, vê-se nisso o sinal da paixão de Hergé pelo ocultismo e pela parapsicologia.

MAS ONDE FOI PARAR O ENGENHEIRO?

Então, se o Professor Girassol entra mais na categoria dos sábios "lunares", onde está o engenheiro, o verdadeiro, aquele que planeja, desenha, realiza e organiza a produção? Alguns aparecem como personagens secundários nas aventuras de Tintim, como Baxter e Wolff, na aventura lunar. Mas, para encontrar o arquétipo do engenheiro, é preciso procurar em outro lugar, e mergulhar nas aventuras de Jo, Zette e Jocko, outra série de Hergé, menos conhecida. As duas crianças têm como pai o sr. Legrand, que construirá a ponte pênsil de *La vallée des cobras* e inventará a Stratonave H.22, aliás testada nas forjas de Chalais-Meudon, rara e interessante incursão do nosso patrimônio técnico e científico no mundo da história em quadrinhos... O sr. Legrand é um verdadeiro engenheiro, afinal. E se Hergé o representa numa série menos célebre do que os Tintim, é quase por acaso. Nessa encomenda que lhe fez a revista francesa *Coeurs Vaillants*, ele deveria imaginar uma verdadeira família, com crianças, pais e até um animal de estimação, o macaco Jocko: "Primeiro, foi preciso encontrar uma profissão para o pai, uma profissão que o obrigasse a viajar: ele era um bom engenheiro, combinava bem." (Sadoul, 1982, p.70).

Finalmente, se Hergé o nomeia engenheiro, não é por amor à técnica, mas porque um engenheiro importante viaja muito!

Todavia, o imaginário técnico das aventuras de Jo, Zette e Jocko é proporcionalmente mais rico do que o dos Tintim. Eles têm direito a um carro submarino, a um "raio do mistério", a aviões supersônicos! Bem mais futurista do que os patins de rodinhas a motor do Professor Girassol ou mesmo o fotocopiador em três dimensões do desenho animado *O lago dos tubarões*.

Mas talvez isso seja apenas uma falta de cultura técnica, aliás confessada por Hergé, embora ele lamente essa lacuna: "De vez em quando, gosto de lidar com as dificuldades da existência; agora, sei mais ou menos como consertar uma tomada! Estou orgulhoso disso!..." Para compreender a atitude de Hergé diante da técnica, é preciso comparar as suas obras com outras séries próximas, por exemplo os Blake e Mortimer. O mundo dos personagens de Jacobs é o da ficção científica, um mundo ainda mais masculino do que o de Tintim e de Jo, Zette e Jocko, e principalmente um mundo de aventuras sérias, do qual o humor está ausente. Quer se trate do Espadão, do raio U ou da máquina do tempo, as invenções de Jacobs são sempre mais precisas, mais técnicas, descritas com um "hiper-realismo escrupuloso" (Sadoul, 1982, p.60). Não há nada disso em Hergé. E se, muitas vezes, estabeleceu-se um paralelo, ou até uma filiação, entre os textos de Júlio Verne e os de Hergé — embora este sempre tenha negado inspirar-se nesse autor, que ele não leu —, pode-se perguntar se, no fim, não é o universo de Jacobs que se aproximaria mais deles (com a notável diferença de que o mundo do pai de Blake e Mortimer reflete muitas vezes uma técnica que leva mais às catástrofes do que à felicidade dos homens). Deve-se ver aqui a visão finalmente otimista do progresso, que sempre guiou Hergé? "Apesar de tudo", declarou ele, "quero ser confiante. Por toda a parte, fazem-se grandes esforços, porque agora as pessoas estão avisadas. A poluição da água, do ar, a destruição do ambiente são coisas espantosas! Mas isso vai mudar, estou certo... Nos Estados Unidos, na Suécia, pelo mundo inteiro procuram-se soluções" (Sadoul, 1982, p.38).

Essa visão de um progresso técnico e científico que resulte no bem-estar da humanidade, com a condição de que se controlem os abusos dos cientistas ou engenheiros loucos, Hergé a recebeu claramente da sua educação, do seu meio, e também de suas leituras: Ananoff, Piccard, Ducrocq foram os divulgadores que guiaram Hergé na sua conquista lunar. E, por sua vez, ele se posicionou como homem de divulgação. Todos se lembram da tentativa de explicação técnica da física nuclear do professor Wolff ao capitão Haddock, com o último pontuando simplesmente o douto discurso do físico, que falava sobre partículas elementares, com coisas como "Sim... estou preocupado com elas...", ou então "Compreendo... está claro como a luz do sol". Hergé até publicou, em colaboração com Jacques Martin, várias séries de documentários ilustrados dedicados aos transportes. É assim que o pai de Tintim vê o mundo, com humor, sempre retirando essa casca pedante que tantas vezes encerra as ciências e as técnicas num universo fechado e inacessível.

3 A roda gira

O castigo da roda se executa sobre um cadafalso erguido em praça pública, no qual, depois de ter amarrado o condenado a dois pedaços de madeira em forma de cruz de Santo André, dispostos em torno do seu pescoço, o executor da Alta Justiça lhe desfere vários golpes de barra de ferro nos braços, coxas, pernas e peito. Depois disso, ele o põe sobre uma pequena roda de carroça, mantida no ar por um poste. O criminoso tem as mãos e pernas por trás das costas, e a face voltada para o céu, para expirar nesse estado. Esse castigo só é infligido por crimes atrozes, tais como o assassinato, a morte de um patrão por seu serviçal, o roubo nas estradas, o parricídio, o estupro.

(Extraído do verbete "Roda", da *Enciclopédia*, de Diderot)

O ADVENTO DA RODA: UMA INVENÇÃO REVOLUCIONÁRIA

Quando observamos uma máquina hoje (máquina-ferramenta, carro, moinho de café...) ou então as primeiras máquinas que o homem construiu (torno de ceramista, carroça), a roda está presente, única ou múltipla — tão presente que não se poderia imaginar a máquina sem ela. Pouco importa que o torno de ceramista seja ou não anterior à roda veicular; o interesse principal desse órgão é, como resume Gilbert Simondon, que ele "recicla indefinidamente os comandos e os efeitos" (Simondon, 1968-1969, p.14).

Hoje, é difícil perceber a revolução criada pela introdução da roda nas sociedades primitivas. Até então, o movimento circular e os fenômenos cíclicos só estavam presentes nos movimentos dos astros ou nos ciclos naturais. O advento da roda não seria o prelúdio à dominação da natureza pelo homem?

Mais modestamente, essa revolução nas mentalidades se faz sentir nos gestos cotidianos do homem. O movimento circular contínuo é, inicialmente, estranho ao seu ambiente familiar. Se o homem golpeia com uma pedra ou um martelo, gera uma espécie de movimento circular, cujo eixo principal é o ombro, mas ele é obrigado a ir e vir incessantemente, a repetir o seu gesto para acumular energia depois de cada golpe. Se puxar um fardo ou serrar um ramo, permanece em movimento retilíneo, geralmente alternado.

A descoberta da roda permite superar duas etapas decisivas. Por um lado, o homem poderá *lutar contra os atritos,* e assim dominar essa gravidade que o cola à terra: intercalando rolos de madeira sob pedras gigantescas, os construtores da Antigüidade erigem grandes obras. O carro com rodas que sucederá a essa primeira etapa evitará a perpétua reciclagem dos rolos, embora com atritos mais importantes. Por outro lado, o homem vai poder *acumular energia.* O poteiro, movendo com o pé a pesada roda do seu torno, pode fazer vasos, pratos, muito mais regular e rapidamente do que à mão. Entre cada impulso do pé, o torno continua a sua rotação, sozinho, sob o efeito da inércia. A máquina automática já está presente, em embrião.

Ao longo de muitos séculos de mecanização, as rodas dos carros foram providas de raios e as engrenagens surgiram, mas a "revolução técnica da Idade Média", que se concretizou por importantes aperfeiçoamentos, principalmente nos moinhos, com certeza não revolucionou tanto o trabalho e a vida do homem quanto a descoberta da roda.

Mais de cinco milênios depois do seu aparecimento, ela ocupa um lugar central no monumento literário que é a *Enciclopédia* de Diderot e Alembert, no momento em que a revolução industrial começa a emergir na Inglaterra. Basta percorrer os diferentes tomos e observar as pranchas gravadas nessa segunda metade do século XVIII para pressentir o papel da roda na civilização mecânica que se anuncia.

Na *Enciclopédia,* todas as máquinas "giram". Uma visita rápida a essa surpreendente paisagem vai nos fazer descobrir a sua grande ambigüidade: arcaísmo dos princípios, por um lado, maturidade de sua utilização, por outro.

A RODA DE FIAR, O TORNO DO CERAMISTA E A GAIOLA DE ESQUILO

Para nos familiarizarmos com a roda no século XVIII, vamos penetrar no universo ilustrado da *Enciclopédia.* Ao longo de suas 2.900 pranchas gravadas, descobrimos 270 máquinas com movimento circular, repartidas por 500 pranchas, aproximadamente. Uma primeira triagem desse conjunto mostra uma ampla predominância da força muscular (homem e cavalo, principalmente), ou seja, cerca de dois terços das pranchas, em relação às energias naturais (vento e água). Deixemos de lado, por enquanto, a máquina a vapor, representada em três pranchas, e que ainda não gera movimento circular.

Assim, mais da metade das máquinas representadas na *Enciclopédia* funcionam com a força do homem. Essa constatação merece atenção. Essas máquinas podem ser reunidas sumariamente em cinco categorias, das quais uma predomina amplamente.

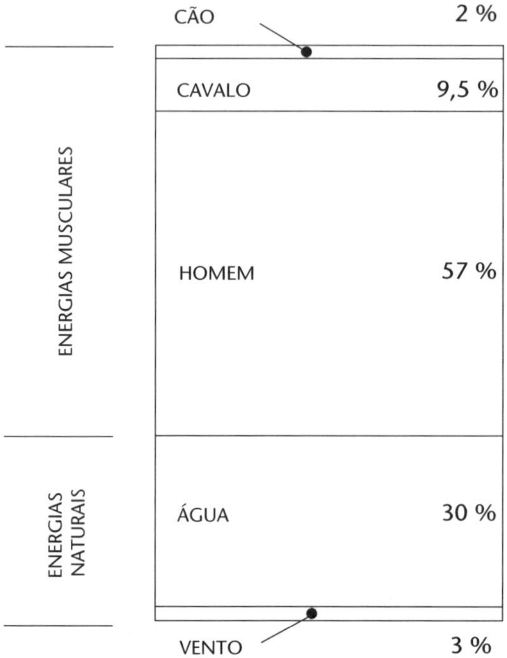

Distribuição das pranchas da *Enciclopédia* representando máquinas, em função das fontes de energia utilizadas.

Uma fiandeira com sua roda de fiar, verbete "Fio e lã", das pranchas da *Enciclopédia*.

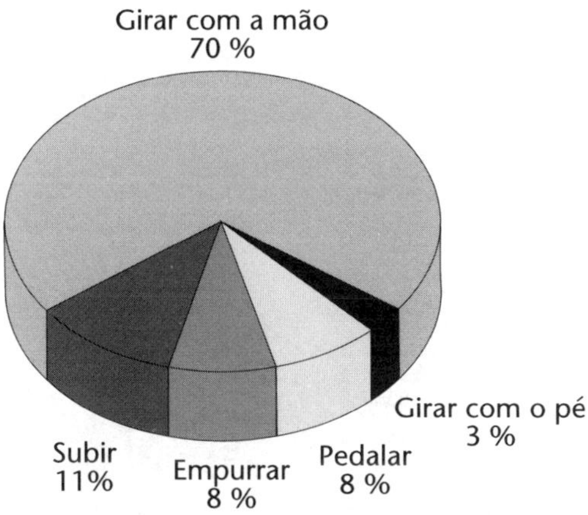

Distribuição das máquinas movidas pela força humana.

Uma roda com degraus do verbete "Carpintaria" das pranchas da *Enciclopédia,* de Diderot.

Mais de dois terços das máquinas (anotadas na categoria "girar a mão", p.94) comportam uma manivela, horizontal ou vertical, acionando uma roda ou uma polia, em geral leves. A *roda de fiar* representa o caso mais freqüente. Esses mecanismos mobilizam potências relativamente fracas, são muitas ve-

A roda com cão do fabricante de pregos no verbete "Fabricante de pregos" das pranchas da *Enciclopédia*.

zes acionados por crianças (perfuradores, tornos, mós) ou mulheres (essencialmente para os têxteis).

Vêm depois, por ordem de potência crescente, as máquinas movidas com o pé ("pedalar"): *tornos com pedal*, manivela ou corda enrolada. Próximos desses sistemas estão os *tornos de ceramista* ("girar com o pé"), que têm um princípio muito antigo, pois nasceram ao mesmo tempo que a roda, mas sempre destinados à sua função original. Os *cabrestantes* e *guindastes* ("empurrar") permitem levantar ou deslocar pesadas cargas, notadamente pela ação de vários homens sobre uma única máquina.

Enfim, última categoria muito importante, as *rodas com degraus* ou com *gaiola de esquilo* ("subir") são correntemente utilizadas para potências consideráveis necessitando uma certa flexibilidade: gruas, dragas etc.

Finalmente, constata-se, folheando-se essas pranchas, que os princípios de funcionamento da maioria dessas máquinas são muito antigos e remontam freqüentemente à Antigüidade. Muitas vezes, a *Enciclopédia* é precipitadamente qualificada de retrógrada, pois se os casos de inovações recentes — como a lançadeira volante de John Kay — raramente se encontram nela, por outro lado a técnica utilizada nessas máquinas muito antigas evoluiu muito. A grande estabilidade dos princípios contrasta com a diversidade dos sistemas construtivos ou dos materiais: muitos tornos de ferro, mecanismos complexos (moinhos de trigo, máquinas hidráulicas...) etc.

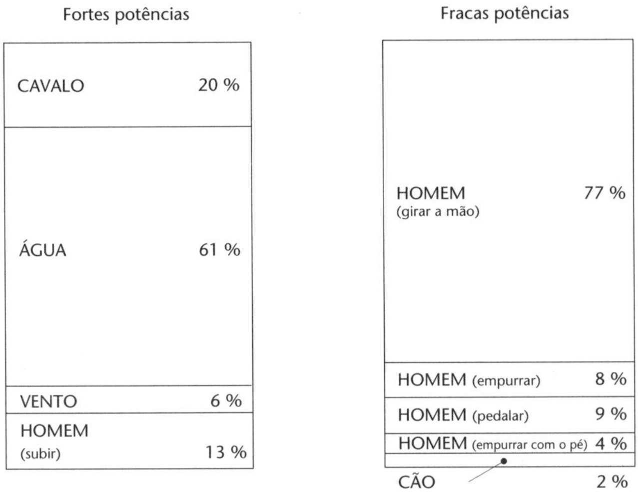

forte	POTÊNCIA	fraca
lenta	VELOCIDADE	rápida
pesada	PESO	leve

Distribuição das máquinas em função da potência desenvolvida.

Cavalos movendo um bate-estacas, verbete "Carpintaria".

O critério da potência desenvolvida permite classificar as máquinas em dois tipos. Do lado das fortes potências, estão as máquinas movidas por cavalos, pela água, pelo vento e, no caso das "gaiolas de esquilo", pelo homem. Do lado das fracas potências, estão todas as outras máquinas com força humana, assim como — não esqueçamos — o moinho movido a cão.

Essa distinção, que pode parecer sumária, apresenta o mérito de ser clara e pode, em certo sentido, resumir o estado das técnicas de transmissão de potência na época da *Enciclopédia*. Os mecanismos rápidos só transmitem fracas potências (roda de fiar, tornos etc.) e os mecanismos potentes só podem girar lentamente (rodas com pás, movidas por cavalos...).

Esse é o ponto em que estamos, em meados do século XVIII. As máquinas, muitas vezes simples, estão presentes em grande parte das atividades humanas e geralmente são movidas por uma força motriz de movimento circular contínuo. Mesmo que o movimento final e utilitário dessas máquinas seja, na grande maioria, circular e contínuo também, não se deve por isso esquecer algumas aplicações com movimentos alternados, retilíneos ou em fração de círculo. É o caso, principalmente, das bombas de exaustão das minas — observam-se belas representações destas já no século XVI, nas obras de Agricola — e também da máquina de Marly (anos 1680) e de muitos martelos mecânicos ou hidráulicos representados na *Enciclopédia*.

Assim, como os sistemas "biela-manivela" e "árvore de engrenagens" são utilizados, há vários séculos, para a transformação desses movimentos, tal técnica está perfeitamente dominada e é difícil imaginar, nesse contexto, progressos significativos. O sistema técnico madeira-água, que tão bem nos descreve Bertrand Gille (1978, p.524-36) para esse período pré-industrial — e que qualificaríamos de "madeira-água-animal", considerando-se a importância do último elemento como força motora — parece estável. Conhecemos entretanto as profundas transformações que germinam nesse século XVIII e que se concretizarão pela instalação do novo sistema técnico "ferro-hulha-vapor".

Sem querer repetir uma vez mais o processo de mutação desse sistema, desejo apenas mostrar como pode ser difícil, quando se viveu séculos num contexto técnico centrado na roda, passar para uma nova concepção da força motriz, concentrada no *pistão* da máquina a vapor.

"É O PISTÃO QUE FAZ A MÁQUINA FUNCIONAR"

Como sabemos, a máquina a vapor é inicialmente uma "bomba de fogo", isto é, literalmente, uma máquina destinada a bombear a água, seja para alimentar as fontes de água nos jardins dos príncipes, seja para esgotar a água das minas, e cuja energia é fornecida por fogo. A transformação da energia térmica em energia mecânica se faz por meio do vapor. É uma bomba que não é nem "a braço" nem "a cavalo", nem movida por um moinho. Segundo o princípio da bomba aspirante e compressora, ela funciona seguindo um mo-

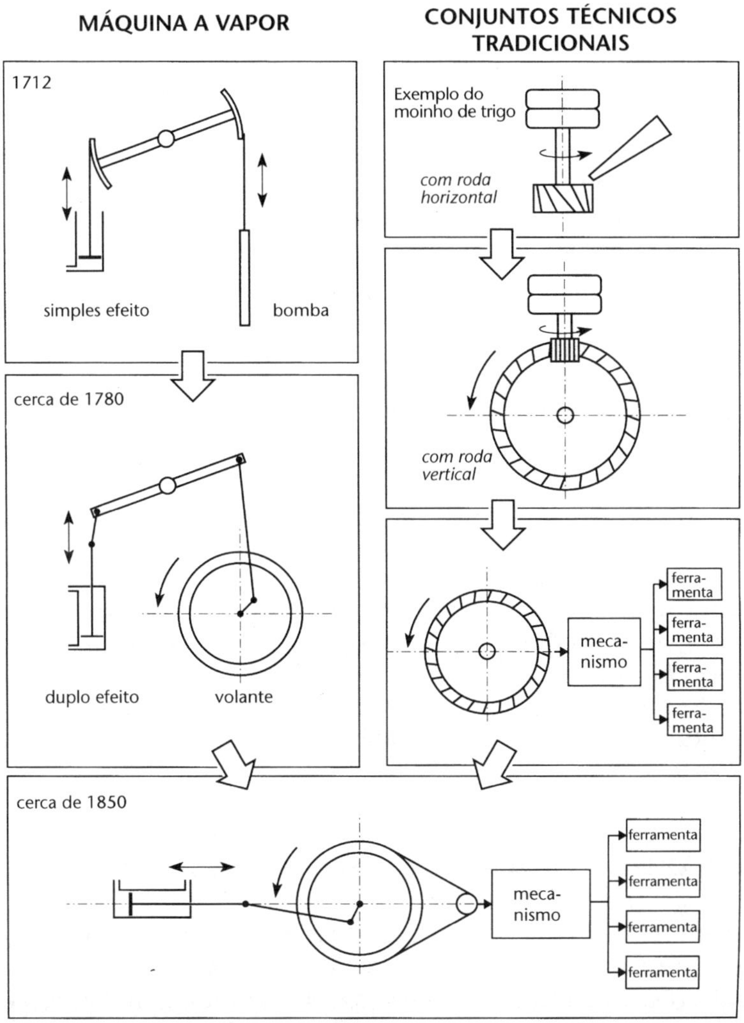

O vapor substitui as fontes de energia tradicionais.

vimento linear alternado vertical, sendo ligada ao pistão motor por um balancim. Assim se apresenta a máquina de Thomas Newcomen de 1712, que se difunde ao longo do século XVIII na França e principalmente na Inglaterra. Mas só quando James Watt introduz, entre outros aperfeiçoamentos, a ação sucessiva do vapor sobre as duas faces do pistão — máquina dita "de duplo efeito" — é que a máquina a vapor pode ser eficazmente associada a um grande volante, gerando assim um movimento circular contínuo, possuindo as características (potência e velocidade) da antiga roda de moinho de água, de vento, ou movida por cavalos.

É então, nos anos 1780, que o vapor pode começar a substituir as forças motoras tradicionais nas oficinas que exigem uma energia importante. "Enxertando-se" nas estruturas técnicas tradicionais, a máquina a vapor vai assim, pouco a pouco, penetrá-las e modificá-las.

Voltemos a alguns anos antes. A oficina "industrial" do século XVIII se apresenta, nos setores tecnicamente mais complexos, segundo um esquema sempre semelhante, compreendendo:

- uma *roda motora*, acionada diretamente seja pela água, na maioria dos casos, seja pelo vento, seja, mais raramente, por uma roda com degraus ou "gaiola de esquilo"; ela também pode ser acionada graças a uma engrenagem, por cavalos. De qualquer forma, ela transmite à árvore motora um movimento lento e contínuo;
- um mecanismo de *transmissão de potência*, composto em geral de árvores e de engrenagens, para a transmissão de movimentos rotativos, para os moinhos de grãos, outras mós, tornos, cortadeiras, laminadores, noras etc.; também é constituído de árvores de engrenagens para os foles, martelos, lavadoras de minério, pilões etc., ou ainda de sistemas biela-manivela para as serras, máquinas de exaustão, bombas...;
- um conjunto de *ferramentas*, geralmente extrapolações das ferramentas de mão tradicionais, e que agem sobre a matéria para produzir o trabalho desejado.

Quando a máquina a vapor intervém, justapõe-se, num primeiro tempo, a essa estrutura tradicional e é associada à árvore motora, com *o volante substituindo a roda motora*.

DO MOINHO À FÁBRICA, DO MARTELO-PILÃO AO MOINHO DE CAFÉ

O vapor permite às oficinas libertarem-se das limitações climáticas ou geográficas, deixarem a proximidade dos cursos de água para se implantarem onde as comunicações com fornecedores e clientes são ideais. Entretanto, a estrutura dessas oficinas, diretamente originária do século XVIII, persistirá por muito tempo durante o século seguinte. A madeira é substituída pelo ferro ou pelo ferro fundido, mas a oficina de meados do século XIX ainda apresenta o mesmo aspecto, comportando:

- a máquina a vapor com o seu enorme volante;
- as árvores, polias e correias, que substituíram as árvores e engrenagens de madeira;
- as máquinas, sempre implantadas em função da força motriz e não do processo de fabricação.

Paralelamente, no início do século XIX, surge uma multidão de máquinas novas, principalmente para trabalhar os metais; mas todas são movidas por uma polia que recebe a força motriz da árvore principal. No caso da metalurgia, existe, desde os anos 1820, uma grande quantidade de cisalhas, perfuradoras, martelos de báscula, carneiros... Máquinas já em operação, produzindo um movimento linear alternado.

A idéia simplificadora, evidente com o recuo do tempo, de unir a ferramenta diretamente ao pistão não aparece imediatamente, o que pode parecer paradoxal. A aplicação direta do vapor à máquina-ferramenta só ocorre em 1841, com o primeiro martelo-pilão, seguido, com alguns anos de intervalo, pelas rebitadoras, perfuradoras e outras, movidas diretamente pelo vapor. A cadeia que vai da fonte energética à ferramenta final é assim consideravelmente simplificada. Há cem anos, o vapor move pistões, e no entanto a força motora ainda transita pelo volante, a árvore, a polia... Bem mais do que um bloqueio devido às limitações econômicas ou técnicas, não atuaria nisso um freio psicológico?

Essa primeira tentativa de transportar o vapor até as próprias máquinas representa um passo que terá conseqüências importantes na indústria. A distribuição da força motriz por um fluido, e não mais por um dispositivo mecânico, vai pouco a pouco penetrar nas oficinas. Depois do vapor, será a água sob pressão e posteriormente o ar comprimido.

Do mesmo modo que se abandona a estrutura tradicional do moinho com sua roda, assim também tende-se pouco a pouco para uma transmissão de potência cada vez menos "material", sendo a etapa seguinte, evidentemente, a eletricidade. O moinho tradicional não desaparecerá, entretanto, nos anos futuros. Ainda em meados do século XX, quando a "revolução elétrica" permitira a total liberação das limitações topográficas, muitas pequenas oficinas conservavam esse aspecto do moinho tradicional tendo, em geral na extremidade, a máquina a vapor, provida do seu grande volante e fazendo o papel da roda hidráulica ancestral, simples e segura. (Se utilizo aqui o termo "moinho" para falar genericamente das oficinas pré-industriais é porque ele sempre conservou, do moinho de grãos primitivo, antepassado de todos os outros sistemas mecânicos, o sentido de "dispositivo que gira". Essa persistência da "grande roda" do antigo sistema técnico se encontra até na nossa linguagem cotidiana. Assim, utilizavam-se os termos "*mouliner*" e "*moulinage*" na área têxtil no século XVIII e hoje ainda se chama correntemente de "*moulin*" o motor de carro e qualifica-se a câmera de "*moulin à café*".* Enfim, não se deve esquecer o *mill* inglês, que, designando inicialmente o moinho, significa hoje todo tipo de fábricas.)

Finalmente, não é natural que a roda, com a qual o homem conviveu durante séculos, e que o transportou e alimentou, esteja profundamente gravada na sua mentalidade, a ponto de fixar certas facetas do seu desenvolvimento técnico ou econômico? Conhecemos os processos de evolução das técnicas em função do contexto social, cultural, econômico etc. da época, mas às vezes persistem também influências dificilmente detectáveis, bloqueios psicológicos, cuja origem se deve procurar no mais profundo do homem e do passado.

---

* *Mouliner, moulinage:* torcer ou fiar a seda. *Moulin:* moinho. *Moulin a café*: moinho de café. (N.T.)

A grande roda de Georges Ferris, atração principal da Exposição Universal de Chicago em 1893: 250 pés de diâmetro (cerca de 78 metros), 36 cabines de 40 assentos cada uma. (*Scientific American*, 1.7.1893.)

4 A criatividade do pobre: os ponteiros do relógio

Criatividade: essa bonita palavra, que encontramos usualmente no vocabulário dos administradores de empresas, dos sociólogos, dos psicólogos, é sempre utilizada para louvar os méritos, geralmente intelectuais, daqueles que dispõem do poder; poder das palavras, da organização, do saber. Será que pensamos que essa palavra também se pode aplicar, com o mesmo valor, ao operário, ao empregado, ao subalterno em geral? Claro, só que então não é mais criatividade, mas esperteza, jeitinho, "saber se virar", conhecer as "manhas" do ofício... As manhas do ofício, essa é a criatividade do pobre!

Quero simplesmente, através de alguns exemplos escolhidos ao acaso, com ex-operários, em leituras, ou no próprio trabalho, revelar essa criatividade clandestina, mostrar as necessidades que a fazem nascer, e enfim como ela pode ser, por sua vez, recuperada "para o bem".

O ARAME E AS MANHAS DO OFÍCIO

Engenhosidade, engenheiro: essas palavras bastante próximas se aplicam todavia a campos — e mesmo a pessoas — muito diferentes. Evidentemente, é a engenhosidade do operário que me interessa agora; mas ela entra freqüentemente em conflito com a do engenheiro. Essa engenhosidade é a de Demarcy, o consertador de portas de automóvel, descrito por Robert Linhart em *L'Établi*: um modelo de saber prático, amadurecido por anos de experiência. "Um artesão, quase um artista. O mais impressionante é a sua bancada. Uma geringonça indefinível, feita de pedaços de ferro velho, hastes, suportes diversos, calços improvisados para segurar as peças, com buracos por todo o lado, dando a impressão de que vai desabar a qualquer momento" (Linhart, 1981, p.156). Só uma observação cotidiana permite apreciar toda a funcionalidade dessa bancada pouco convencional. Cada buraco, cada fenda, cada elemento tem a sua utilidade para adaptar-se aos diferentes tipos de portas e consertá-las em tempo recorde. "Essa banca improvisada, ele próprio a construiu, modificou, transformou, completou. Agora, ela faz parte do seu corpo, ele conhece de cor todos os seus recursos" (p.157). Naturalmente essa engenhoca quase indefinível não pode durar. Linhart nos conta como ela passará pelo triturador do Departamento de Métodos, para ser substituída pelo modelo F675, com inclinação variável: "Terça-feira, 22 de julho, 8h15min. (Eles aproveitam a hora do lanche para não perturbar o andamento do trabalho). Estardalhaço no 86. Três caras chegam com um guindaste, içam um maquinismo de ferro fundido maciço ao nível da oficina, fazem com que ele deslize sobre a cadeia ... e acabam por levá-lo, não sem dificuldade, até o local de Demarcy. Sua velha bancada é prontamente afastada, jogada no despejo, no meio dos trapos velhos e dos bujões enferrujados e, em seu lugar, instalam-lhe aquilo" (p.165). É claro que a Organização do Trabalho passou por ali: "Deram uma olhada e compreenderam logo." Esse é realmente o destino da inovação cotidiana, quando não pode ficar clandestina, como foi o caso dessa bancada visível demais.

Distante desse exemplo típico, a criatividade operária se exerce mais freqüentemente por meio de pequenas montagens, pequenos "macetes" rapidamente instalados e rapidamente retirados, se por acaso... Como esses pedaços de arame — material que é fonte inestimável de inovações, diga-se de passagem — com os quais os rebitadores suspendiam o martelo pneumático, para aliviar os seus esforços. Essa ferramenta, que pesa em média 8 a 10 quilos, deve ser sustentada pelo braço do operário durante a instalação de longas séries de rebites, às vezes em posições difíceis. Na época em que a remuneração era por bônus, os preços pagos à equipe levavam em conta a situação da linha de rebites, seu diâmetro etc. Assim, certas séries eram mais caras, porque eram fisicamente mais difíceis. Nesses casos, intervinham os arames ou correntes munidas de ganchos que, retendo o martelo pneumático a um furo de rebite situado mais acima, evitavam que o rebitador o pusesse no chão ou sobre o joelho, entre dois rebites sucessivos. Esses dispositivos eram, evidentemente, facilmente removíveis e logo clandestinos, para evitar uma reavaliação das tarifas... para baixo, é lógico. O que acabou acontecendo em certos setores. Esse método foi julgado tão astucioso que os engenheiros forneceram generosamente molas de suspensão ainda mais práticas, com a inevitável conseqüência para as tarifas...

Esse maravilhoso arame, em outros casos, permitia amarrar o cravador removível ao corpo da pistola, por razões de segurança: era preciso evitar que um disparo desastrado do aparelho lançasse com força o cravador na direção de alguém e o ferisse.

No mundo dos rebitadores, que eu freqüentei mais de perto, muitos casos de desenvoltura, de inovações, poderiam também ser citados, indo das práticas de desvio — rolha de champanhe escurecida no lugar de um rebite inacessível — às ferramentas perfeitamente adaptadas para a função — contracravadores das formas mais diversas —, passando pela invenção de meios de comunicação adaptados ao ambiente ruidoso. Assim, os rebitadores usavam códigos de comunicação recorrendo às ferramentas de que dispunham: martelos de mão ou pneumáticos. Os rebitadores de Port-Bouc, por exemplo, transmitiam as suas ordens funcionais com a pistola automática: "Eu chegava de manhã, estava pronto, via que as coisas começavam a se arrastar, então, com a pistola eu fazia 'pan, parrrrrrran!' e esperava. Da segunda vez que eu fazia isso, podia ter certeza que o rebite estava pronto. E para parar eu tocava 'Pam palalampam...pam pam!'" (de uma entrevista com um rebitador, 1981). Esses códigos permitiam também indicar o número de rebites restando a serem instalados ou avisar em caso de incidente, comunicação necessária principalmente na construção naval, em que os operários algumas vezes não se viam o dia inteiro, estando a equipe dividida entre o interior e o exterior do casco a ser montado.

Entre essas inovações operárias, as estratégias de "fazer cera" estão certamente entre as mais praticadas, em muitas profissões. Seja para aproveitar erros de organização, por solidariedade ou ainda para manter ritmos "humanos", as práticas visando a esconder-se ou a dar a impressão de que se está trabalhando enquanto se aproveita a oportunidade para "dar um tempo" são freqüentes no trabalho operário. Para conservar as tarifas habituais, os rebitadores punham em prática estratégias muito variadas: "olheiro" para avisar a chegada do contramestre ou do fiscal, escolha cuidadosa do rebite de diâmetro errado para ganhar tempo, obrigando o aprendiz a buscar outros no almoxarifado, manutenção de um ruído constante de martelo, para não provocar suspeitas com um silêncio duvidoso etc. Ganhar tempo é, naturalmente, uma das razões mais freqüentes das espertezas imaginadas; mas essas práticas às vezes podem prejudicar a segurança, e assiste-se então a uma "corrida de engenhosidade" entre o operário e o engenheiro, como foi o caso das prensas e cisalhas munidas de múltiplos dispositivos de proteção e segurança: comandos duplos para ocupar as duas mãos, braceletes que afastam as mãos da zona de corte, grades de proteção que se abaixam automaticamente etc. Esses dispositivos protegem; mas também incomodam o operário, que tenta desviá-los com diversos truques: bloqueio de um botão de comando, utilização dos pés por meio de alavancas...

PARAR O RELÓGIO

A criatividade operária se aplica, em geral, para ganhar ou, mais amplamente, para salvaguardar tempo. A partir daí, é claro que também se economiza saúde, reduz-se a fadiga. A racionalização do trabalho deu ao tempo um valor primordial. Quer se trate do trabalho em cadeia ou por tarefa, a unidade de cálculo é o tempo.

Depois do advento da civilização industrial, o operário muitas vezes perdeu o controle do seu tempo no trabalho, em proveito do Departamento de Métodos. Assim, instaura-se uma emulação de criatividade entre esses dois mundos tão opostos: o operário, com manobras sutis, tenta manter as vantagens adquiridas; o Departamento de Métodos, do seu escritório envidraçado, espreita o segundo perdido, os braços desocupados, o gesto supérfluo. Essa luta do cronômetro contra a chave de boca* é muitas vezes desigual. A hierarquia está sempre presente e os postos são bem definidos. O tempo de pausa, fisiologicamente indispensável para o trabalhador manual, será sempre considerado pelo executivo como tempo perdido ou roubado do patrão. O operário é levado assim a "fazer cera", às vezes com as bênçãos do contramestre, para ter um repouso que lhe é necessário.

Salvaguardar tempo também é, como no caso dos rebitadores, prever o futuro, os problemas. Uma espécie de seguro para o dia em que houver uma linha de rebites subavaliados ou particularmente complicados. Toda inovação que vem de cima é vista, inevitavelmente e com razão, como meio de melhorar a produtividade e, logo, tirar do operário uma parte da sua autonomia. Como observaram os sociólogos a respeito da construção naval de Nantes, "aliás, o trabalho propriamente dito parece deixar um grande espaço para a improvisação, para o `jeitinho', que faz parte dos hábitos mentais da casa. Os operários continuam com seus truques para trabalhar da maneira menos desagradável, para ter uma certa tranqüilidade, para remediar as carências da organização que poderiam prejudicá-los" (Lescot, Menahem, Pharo, 1980, p.72). Trata-se muito mais de um *saber de resistência*, de um elemento numa estratégia de luta que se origina na história da classe operária. A astúcia e a desenvoltura são meios de salvaguardar uma identidade que remonta à época em que o artesão era dono do seu tempo, do uso das suas ferramentas, da sua organização pessoal. É a luta da racionalização contra a personalização. É por isso que, no recrutamento dos operários especializados, os recrutadores privilegiam, como indica Georges Friedmann, os indivíduos menos desenvolvidos intelectualmente, desconfiando "dos sujeitos mais espertos" (Friedmann, 1964, p.55). O robô, sem cultura operária, sempre dócil, é o sonho do administrador. É para lutar contra esse papel que lhe desejariam impingir que o operário mobiliza essa criatividade clandestina. E nessa estratégia de resistência a solidariedade tem uma função essencial. Além do domínio do próprio trabalho que o jovem aprendiz deve adquirir, é toda uma cultura, uma solidariedade, um amor-próprio que ele deve aprender, ao entrar no mundo industrial.

PEDAÇOS DE BARBANTE E CAIXAS DE IDÉIAS

Depois que o mito da organização tayloriana do trabalho começou a fraquejar, percebeu-se que era impossível fazer robôs a partir de trabalhadores, e que os operários, afinal, também sabiam pensar. Percebeu-se que existia uma riqueza desperdiçada nessa criatividade operária. E imaginaram-se as *caixas de idéias*.

---

* No original, "la dé 17" faz alusão a um número de chave de boca correspondente a uma medida muito usada no ramo de indústria mecânica, como as oficinas, desde o século XIX até hoje. (N.R.T.)

Quem sabe, a troco de algumas vantagens financeiras, poderiam ser recuperadas algumas pepitas dessa mina de inovação, ainda inexplorada. Talvez fosse possível quebrar a solidariedade, a "conspiração do silêncio", com caixinhas e papéis nos quais é mais fácil "abrir-se" do que na presença dos colegas.

Conhecemos a resistência que essas caixas de idéias, ou de sugestões, provocaram entre os trabalhadores. Os resultados existem, mas como são em geral fracos, reforçou-se a publicidade. Essa nova tática, mais fina, mais perversa do que o paternalismo do século XX, deu alguns frutos, mas a criatividade operária também deve ser cada vez mais sutil para resistir às novas estratégias imaginadas pelos administradores há algumas décadas. Aqui estão, principalmente, os círculos de qualidade que se instalam e aproveitam os períodos de mutação que vivemos para quebrar um pouco mais a muralha da consciência da classe operária, forjada pela revolução industrial. Recuperação da inovação latente dos trabalhadores ou nova definição das relações na empresa? É difícil dar a resposta hoje. Estaremos assistindo a um novo tipo de organização do trabalho, no qual, a exemplo das empresas japonesas, todos, de alto a baixo na escala social, concorrem para uma tarefa comum, mobilizando todas as suas competências? Ou trata-se de um último aspecto da grande aventura da classe operária que, ao extinguir-se, anunciaria o advento de uma nova sociedade? São questões abertas, que a história elucidará dentro de algumas décadas.

De qualquer forma, os saberes práticos, perpetuados clandestinamente via civilização industrial, sempre souberam resistir à racionalização do trabalho. Em cada operário dorme um artesão, convencido da sua identidade, do seu saber-fazer, que ele não está pronto a vender por preço vil àquele que o emprega. A "bricolagem" é outra manifestação dessa criatividade do pobre, e só hoje essas práticas de desvio de materiais ou de saber-fazer saem timidamente do sótão ou da casa dos operários. Em muitas fábricas, o "sumiço" é tolerado por várias razões. Primeiro, porque não custa caro demais para a coletividade, depois porque sua prática não é exclusiva dos operários, e se faz muitas vezes com a cumplicidade dos fiscais ou dos executivos. Enfim — talvez a razão mais importante —, porque o operário, que durante o seu tempo de trabalho e nos momentos de desocupação cria pequenos objetos decorativos ou funcionais, continua afinal a desenvolver o seu saber-fazer, a conservar a prática, esperando pôr essa criatividade pessoal a serviço do patrão.

A emergência de todos esses saberes práticos, a conscientização dessa cultura técnica clandestina seriam também o reflexo de uma classe operária em via de desaparecimento? A analogia com as populações ditas primitivas e o interesse dos etnólogos tenderiam a comprovar essa hipótese.

5 Tecnologia e evolução

Os objetos nascem, vivem e morrem. Podem quebrar, enguiçar ou ser voluntariamente destruídos. Também podem ser consertados e recuperados, para se criar novos objetos. É o ritmo normal de um produto, máquina ou objeto doméstico e, dependendo do ambiente em que se encontram, o ritmo dessa vida é muito variável. Em outra escala, a das gerações, os objetos evoluem. Os materiais, os princípios físicos que os regem, a estrutura, a resistência desses objetos não são os mesmos segundo a época e as civilizações. Mas pode-se falar de *evolução* dos objetos técnicos da mesma maneira que se fala de evolução no mundo do ser vivo?

Certamente, essa é uma questão interessante do ponto de vista histórico, e é capital para o tecnólogo que tenta compreender os caminhos da inovação. O problema não é novo, e há dois séculos muitos engenheiros, sociólogos e filósofos se debruçaram sobre ele. Mencionarei aqui as principais etapas dessa busca tecnológica. Em geral, os termos são situados num ponto de vista histórico e teórico. Quanto a mim, tendo o hábito de apresentar a questão para um público de não-especialistas, prefiro uma segunda via, que consiste em partir de exemplos concretos, de casos extraídos da vida comum, antes de prolongar a reflexão de maneira mais teórica. Esse procedimento pragmático se compara ao do demonstrador ou guia que, numa exposição ou num museu, começa captando a atenção do público com narrativas, histórias, que têm o justificado mérito de apresentar a questão em termos simples e compreensíveis para todos.

Uma vez mostrado esse procedimento dos tecnólogos para analisar e compreender a evolução dos objetos materiais, tentarei detectar as leis próprias a essa evolução, leis mais ou menos estáveis ao longo do tempo e que podem nos permitir prolongar para o futuro essas tendências, imaginando o devir desses objetos, dessas técnicas.

Tomarei como exemplo um objeto extremamente curioso, chamado "trator Royon", exposto no museu Agrivap de Ambert, em Auvergne. Esse trator, criado por um agricultor mecânico muito hábil, é constituído de uma carreta

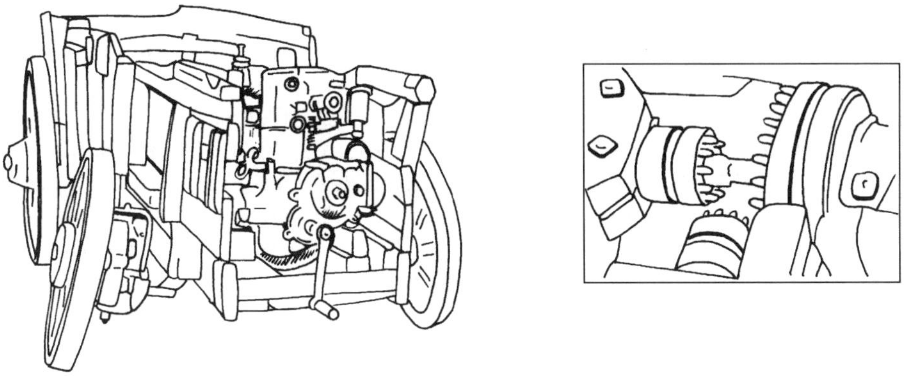

O trator Royon, vista do conjunto e detalhe da transmissão.

de madeira, com rodas de carroça, movido por um motor, possivelmente aproveitado de um pequeno caminhão, e dotado de uma transmissão por meio de uma roda de pequeno diâmetro provida de pinos paralelos que se engrena com uma roda maior, obedecendo à mais pura tradição dos construtores de moinhos. Para mim, esse veículo é uma ilustração emblemática da *cultura técnica*, no caso a do camponês, uma cultura da reciclagem, da economia, da auto-subsistência. No nosso caso, o criador do veículo *recuperou* elementos materiais no seu ambiente natural e elementos imateriais na sua cultura técnica própria, a fim de realizar uma máquina adaptada às suas necessidades.

Esse exemplo nos mostra, primeiramente, que a cultura técnica do "inventor" tem um papel primordial e, em segundo lugar, que o conceito de evolução não pode ser concebido fora de um sistema técnico muito preciso, no presente caso o do mundo agrícola ocidental do século XX.

O CONCEITO DE EVOLUÇÃO

Um dos primeiros pensadores a formular em termos claros a questão da evolução das técnicas foi o economista Johann Beckmann, professor de ciências econômicas em Göttingen, no seu *Guia de tecnologia*, publicado em 1777. Sua idéia era simples: partir do estudo sistemático e racional dos processos técnicos. Para isso, recomendava *listar* e *classificar* esses processos, mas não abordava a noção de evolução técnica. Com o distanciamento histórico, esse procedimento não tem nada de excepcional. Como no estudo da natureza, que ocupava a mente de muitos eruditos do Século das Luzes, encontram-se em Beckmann as diferentes fases metodológicas que consistem em, primeiro, a partir da observação, *nomear* as coisas, e depois em *classificá-las* por semelhanças, a partir de critérios precisos. Na segunda metade do século XVIII, a taxonomia estava na ordem do dia, e esse método não deixava indiferentes os nossos primeiros tecnólogos. Lembremos simplesmente que, no espaço de meio século, surgiram na França a *Enciclopédia* de Diderot, o Museu de História Natural e o Conservatório Nacional de Artes e Ofícios, para citar apenas os maiores empreendimentos de "coleção" científica e técnica.

Cerca de 40 anos depois, foi um engenheiro, Gérard-Joseph Christian (1778-1832), aliás diretor do Conservatório durante 15 anos, que introduziu uma nova idéia, à qual deu o nome de *tecnonomia*. No seu tratado, elaborou um conceito crítico, fazendo uma apreciação da evolução histórica da tecnologia. Distinguiu, nessa história, quatro "eras da tecnologia":

1. coleta de fatos isolados, de documentos práticos (época dos teatros de máquinas);
2. descrições detalhadas das artes e processos (a *Enciclopédia* de Diderot forneceu o exemplo típico);
3. exposições didáticas com classificações argumentadas (era dos tratados técnicos);
4. era da tecnonomia, que se propõe a encadear os fatos com suas relações e analogias (era da qual o autor se fazia o porta-voz).

O NASCIMENTO DE UMA CIÊNCIA DAS MÁQUINAS

Neologismo construído a partir dos termos "técnica" e "economia", a tecnonomia de Christian pretendia apreender, em sua globalidade e sua dimensão evolutiva, os sistemas de produção industrial. Desejando ir além dos enciclopedistas, a que acusava de se contentarem com uma simples classificação, lançou a pedra fundamental de uma "ciência das técnicas", base de uma teoria da inovação, cujas noções transmitiria no seu curso no Conservatório.

Dessa ciência das máquinas sonhada por Christian, outro mecânico seria o ardente propagador. Trata-se de Frantz Reuleaux (1829-1905), engenheiro e tecnólogo alemão, cujos tratados, ensaios e obras de difusão tiveram um sucesso considerável no mundo da técnica, durante a segunda metade do século XIX. Foi o primeiro dos pensadores da evolução das técnicas a fazer explicitamente referência ao mundo do ser vivo. Na sua *Cinemática*, publicada exatamente um século depois do *Guia de tecnologia* de Beckmann, Reuleaux dedicou um lugar importante à formulação de uma teoria do progresso das máquinas. Sua teoria se baseava naquilo que ele chamava de "fechamento de força", aplicada essencialmente aos dispositivos mecânicos. Formulou duas tendências, às quais voltarei: do alternado para o contínuo (por exemplo, a passagem da broca à perfuradora) e do linear ao rotativo (o exemplo mais evidente é a roda). Devemos precisar que Reuleaux era, antes de tudo, um engenheiro famoso que tirou suas teorias do estudo extremamente refinado dos mecanismos utilizados em todas as áreas, ao longo de diferentes épocas. Lembremos que, nessa idade de ouro da mecânica que foi o século XIX, a transmissão do movimento e a distribuição da força motriz tinham um papel essencial na produção industrial. As coleções de mecânica do Conservatório mostram com brilho a profusão das pesquisas dos engenheiros durante esse período.

Um dos aspectos mais importantes da sua concepção da técnica era que os elementos mecânicos, mesmo os mais complexos, podiam ser criados a partir de um número limitado de elementos e de regras de composição deles. Reuleaux desenvolveu essa "álgebra" combinatória das máquinas na *Cinemática*, e de maneira mais teórica numa conferência pronunciada em Viena em 1884, intitulada "*Cultur und Technik*", que traduziríamos como "Civilização e técnica".

Essa teoria científica das máquinas tinha por função facilitar o trabalho dos engenheiros, dando-lhes ferramentas conceituais fundadas sobre um número restrito de mecanismos elementares, a serem combinados para construir as máquinas mais complexas. Aquilo que o engenheiro sueco Christopher Polhem chamava de "alfabeto" no século XVIII tornou-se, nas mãos desses novos engenheiros construtores, um verdadeiro método de inovação, que teria grande notoriedade, mesmo depois do advento da eletricidade (ver um fragmento desse alfabeto na pág.53). Polhem seria assim reabilitado, por ocasião do 250º aniversário do seu nascimento, pelos engenheiros suecos, em 1911: "Ele se tornou o nosso Thomas Edison, o nosso James Watt" (Lindqvist, 1992, p.119-49).

A relação dessa "matematização" da mecânica com o ser vivo, similar à da química alguns anos antes, não é observável apenas nessa análise dos mecanismos elementares, resultando numa teoria da evolução dos objetos técnicos; ela também está fortemente presente nas analogias entre o homem e a máquina, mais precisamente entre os órgãos do homem e os *órgãos de máquinas*, já que é realmente assim que se chamam essas montagens mecânicas. Há dois séculos, tentava-se compreender como funcionava o homem, comparando-o a uma máquina, principalmente a um relógio (Dagognet, 1994, p.24-8). Durante a primeira metade do século XIX a analogia se deslocou, e a organização do ser vivo, no plano individual e no plano da evolução, tornou-se por sua vez o modelo da máquina. Aliás, a terminologia utilizada na mecância sempre foi particularmente eloqüente. Fala-se de dentes, cavilhas, mandíbulas, gargantas, joelhos, articulações, rótulas, dedos, cabeças etc.

A TECNOLOGIA NA ERA INDUSTRIAL

Na mesma linhagem, embora seus trabalhos tenham sido menos difundidos do que os de Reuleaux, convém lembrar os numerosos relatórios publicados por Charles Frémont (1855-1930) no *Bulletin de la Société d'Encouragement pour L'Industrie Nationale*, na virada do século XX. Nos seus "estudos experimentais de tecnologia industrial", esse mecânico e inventor nos ofereceu um conjunto considerável de estudos técnicos, dos quais extrairia alguns trabalhos originais sobre a evolução das ferramentas.

De uma família de artesãos parisienses, Frémont começou sua carreira na construção mecânica, antes de tomar o rumo do laboratório de mecânica da Escola Superior de Minas de Paris e colaborar no Conservatório Nacional de Artes e Ofícios francês. Foi nesse trabalho sobre os materiais e as máquinas-ferramentas — e também em razão do seu interesse pela medicina e pela fotografia — que ele se inspirou para os seus estudos experimentais. O historiador Georges Sarton observou: "... esses estudos estão provavelmente incompletos. Entretanto, são preciosos, porque Frémont explorou muito bem as fontes de que dispunha, e principalmente porque sua vasta experiência técnica e seu gênio de inventor lhe permitiram interpretar os documentos e os monumentos antigos com muito mais inteligência que os historiadores de gabinete, com um sentido mais profundo das realidades técnicas" (Sarton, 1937, p.477).

Nos anos 1930, o engenheiro francês Jacques Lafitte prolongou as reflexões de Frantz Reuleaux e anunciou a existência de um "reino" das máquinas: "Reconhecemos a possibilidade de utilizar, para as máquinas, e do mesmo modo que para os seres vivos, a linguagem da organização e a da hereditariedade. ... Penetramos, nas máquinas, pelo exame de seu encadeamento, num mecanismo de geração que procede pela interferência, operada pelo homem criador, entre tipos organizados preexistentes" (Lafitte, 1934, p.65). Definiu então três tipos de tecnologia:

- a tecnologia dos técnicos, ou arte de construir;
- a tecnologia classificatória e histórica, ou mecanografia;
- a tecnologia reflexiva, ou mecanologia, da qual fez um ramo das ciências sociais.

Para a maioria desses "engenheiros pensadores da técnica", a referência à evolução do ser vivo é explícita, mas usada como um *meio* de explicar a evolução dos objetos técnicos. Aplicam ao mundo das técnicas os *métodos* elaborados pelos naturalistas, e não uma "teoria da evolução" na sua globalidade. Ao fazer isso, põem em prática um princípio fundamental, a *analogia*, que faz parte do aparato metodológico básico do engenheiro (Vérin, 1993).

Foi o filósofo Gilbert Simondon que, na França, prolongou esse procedimento, na sua obra mais conhecida *Du mode d'existence des objets techniques*: "É a partir dos critérios da gênese que se podem definir a individualidade e a especificidade do objeto técnico" (Simondon, 1989, p.20). Para isso, detectou um certo número de constantes na história dos objetos técnicos, a partir de casos concretos como o nascimento da máquina a vapor ou o desenvolvimento dos tubos eletrônicos. Entre essas constantes, *leis de evolução* dos objetos técnicos, assinalamos especialmente o processo de concretização — isto é, a evolução do abstrato para o concreto —, a autonomia de funcionamento interno, as tendências para o simples, o pequeno, o fechado etc.

A contribuição teórica e metodológica de Simondon foi amplamente propagada por Yves Deforge, que aplicou e verificou o seu conteúdo sobre uma amostra de objetos mais vasta, principalmente na sua *Technologie et génétique de l'objet industriel* (1985). Deforge apresentou um método de abordagem genética dos objetos técnicos, fundado nos conceitos de famílias e linhagens, definidas a partir da função de uso e dos princípios atuantes nos objetos. Também mostrou as exceções e limites dessas leis, ligados por exemplo às características dos desenvolvimentos recentes do nosso sistema econômico e industrial: "As evoluções em direção ao concreto e ao sinérgico estão, em muitos casos, em contradição com os imperativos ecológicos de recuperabilidade e sustentabilidade" (Deforge, 1997, p.23).

A contribuição essencial de Deforge, nessa historiografia da evolução dos objetos técnicos, foi difundir os seus princípios e métodos, através de um ensino destinado aos engenheiros, planejado como uma formação para a atividade criadora. É esse aspecto fundamental da importância de uma cultura técnica na formação tecnológica superior que constitui a originalidade do trabalho de Yves Deforge. Hoje, tento completar essa abordagem "micro" da evolução das técnicas com uma abordagem "macro", mais histórica. A "longa duração" da história das sociedades pode assim explicitar as questões suscitadas pela análise da "curta duração" da evolução dos objetos. Essas duas dimensões são, a meu ver, indispensáveis para se compreender verdadeiramente os mecanismos da trajetória do pensamento técnico.

Seria injusto não mencionar aqui os trabalhos originais e sempre atuais de André Leroi-Gourhan que, partindo de uma abordagem antropológica, deram origem a uma verdadeira tecnologia comparada. Na sua *Évolution et techniques*, ele volta a apresentar a questão de uma evolução gradual diante do mecanismo da invenção: "Entre a invenção autônoma e o empréstimo puro e simples tomado do vizinho, a distância não é considerável... . Só inventa a roda de fiar ou só a toma emprestado alguém que é capaz de utilizá-la; constatação banal, mas que deve estar presente na base de toda construção de evolução técnica" (Leroi-Gourhan, 1945, p.321).

AS LEIS DE EVOLUÇÃO DOS OBJETOS TÉCNICOS

Todos esses trabalhos tendem a mostrar que os objetos técnicos evoluem segundo uma lógica próxima da evolução do ser vivo, e uma das características comuns aos dois processos é o fenômeno de "seleção natural", uma lei que rege as orientações filogenéticas dos objetos e das espécies. Simondon tentou formular leis da "gênese dos objetos" (Simondon, 1989, p.19-49), estudando detalhadamente várias máquinas mais ou menos complexas: motores térmicos, tubos eletrônicos, abóbada... Mas para que e para quem podem servir essas leis?

Na verdade, elas se revelam, para o mundo das máquinas, ainda bem mais úteis do que no mundo biológico, pois permitem *prever*, imaginar as tendências futuras e, concretamente, aplicar à criação de novos objetos técnicos métodos fundados em uma observação objetiva da evolução passada. Aliás, um certo número de "conselhos de criatividade" aplica nas empresas estratégias que passam pelo estudo da evolução dos objetos técnicos e dos processos de inovação (Vidal, 1984; Altshuller, 1984; Petroski, 1992).

Uma das grandes diferenças entre evolução "biológica" e evolução "artificial" reside na *dimensão temporal*. E é nisso que a formulação de leis de evolução dos objetos técnicos responde a uma finalidade muito mais imediata do que no mundo do ser vivo. É preciso ser capaz de aplicar rapidamente, de imaginar antes do concorrente quais serão as orientações futuras de tal objeto, de tal técnica. O estudo histórico pode convergir imediatamente com uma estratégia comercial, como vimos a respeito do telecomando de fechamento do automóvel ou dos botões elétricos.

AS TENDÊNCIAS DO PROGRESSO

A lei maior formulada por Gilbert Simondon é a que faz os objetos passarem, segundo a sua terminologia, do *abstrato* para o *concreto*. "Quanto aos objetos técnicos individualizados, estes progridem essencialmente por concretização, o que não é nem uma análise nem uma síntese, mas uma saturação das diferentes características na organização de sua reciprocidade" (Simondon, 1968-1969, p.73). É principalmente a partir do estudo do motor térmico que ele evidencia essa passagem por aperfeiçoamentos que se efetuam por análise e depois por síntese. Em outros termos, essa concretização leva o objeto do status de prótese (a ferramenta) para a auto-suficiência, passando pela autocorrelação e pela auto-regulação. As carrocerias dos automóveis, por exemplo, "absorveram" ao longo do tempo os diferentes acessórios acrescentados aos veículos pelos construtores, até chegarem a formas cada vez mais próximas do ovo. Assim, foram sucessivamente integrados os pára-lamas, os faróis, mais recentemente os retrovisores e os pára-choques, tendendo para formas mais puras, das quais os mais recentes carros compactos dão uma ilustração original (o Renault Twingo, por exemplo). Na área da construção, Simondon menciona o caso da abóbada invertida, na sua opinião bem mais "concreta" do que as abóbadas posteriores, abaixadas ou em asa de cesto, pois não necessitam de dispositivos anexos como tirantes ou contrafortes. Só que esse tipo de abóbada dá lugar a outros, menos perfeitos. Vemos portanto que o sentido da história nem sempre corresponde a um "progresso" e que essas leis de evolução sofrem, evidentemente, exceções mais ou menos notáveis.

Yves Deforge formula outras leis, principalmente no seu posfácio ao *Mode d'existence des objets techniques* de Simondon, sob forma de *questões vivas*: "Se fizermos da evolução do abstrato para o concreto uma 'lei' da evolução dos objetos técnicos, poderemos enunciar outras 'leis' que a acompanham e completam, misturam-se e limitam-se mutuamente, como a evolução para o pequeno (miniaturização), para o fechado (liso e fechado, às vezes descartável); para o que 'funciona sozinho' (em relação ao usuário); para o autônomo (autonomia energética e informacional)" (Deforge, posfácio a Simondon, 1989, p.280).

Entre essas leis, a *superposição* de duas técnicas durante a passagem de uma para outra é análoga à colocação das telhas sobre um telhado, como vimos acima com o exemplo dos navios a vapor substituindo os navios a vela. Os dois modos de propulsão coabitando num mesmo barco demonstram essa lei, segundo a qual uma técnica só substitui outra depois de uma fase "probatória", durante a qual a nova técnica, ainda insuficientemente confiável, se superpõe à antiga, conservada para emergências. Para todos esses exemplos, a época é indiferente. A mesma análise pode ser aplicada aos objetos de hoje, como o controle remoto para o fechamento das portas dos carros.

Quanto à lei de *recuperação do existente*, já mencionada a propósito do trator Royon, é encontrada num exemplo conhecido: os cartões perfurados, utilizados nas máquinas de Charles Babbage, ou na máquina de estatísticas de Herman Hollerith, que permitiu, em 1890, explorar em tempo recorde os dados do recenseamento dos Estados Unidos, "recuperando" uma técnica utilizada há mais de um século nos teares, para programar os desenhos de um tecido. Em outros termos, o nascimento do cartão informático constituiu o que chamamos hoje de transferência de tecnologia, processo que é um dos motores permanentes da inovação técnica. Raras são as invenções que não se baseiam em técnicas experimentadas, o talento do inventor sendo, justamente, saber lançar pontes entre áreas aparentemente distantes.

DO BRAÇO AO EIXO

Para completar essas leis de evolução dos objetos técnicos, mencionarei aqui duas tendências fundamentais da evolução das máquinas:

- a passagem do movimento linear alternado para o movimento rotativo contínuo;
- a passagem das máquinas de simetria com eixo vertical para uma simetria com eixo horizontal.

O primeiro caso já foi citado por vários historiadores da técnica, mas de maneira sucinta. Frantz Reuleaux, na sua *Cinemática*, menciona-o a respeito das perfuradoras e outras ferramentas primitivas. Mecânico, o autor se interessa essencialmente pelos movimentos rotativos, retomando até as reflexões do filólogo Geiger, que "depois de considerações múltiplas e profundas, é levado à conclusão de que o *movimento de rotação* é o primeiro que o homem produziu, por meio de disposições do gênero daquelas que chamamos maquinais" (Reuleaux, 1877, p.209). Entretanto, ele enfatiza a anterioridade do movimento alternado, nas técnicas de domínio do fogo por fricção e nas técnicas de perfuração. Com sua abordagem antropológica, a análise de André Leroi-Gourhan parte das ferramentas: "A transformação do movimento retilíneo, que têm normalmente as forças do homem, dos animais, da água ou do ar, em movimento circular, e depois acessoriamente a reconversão desse movimento circular em movimento retilíneo no nível da parte atuante, representa uma das principais vias do progresso mecânico" (Leroi-Gourhan, 1945, p.98).

Essa tendência do movimento linear alternado para o rotativo contínuo é uma constante, da qual encontramos muitos exemplos, entre os quais alguns estão representados no quadro abaixo.

Linear Alternado	→	**Rotativo Contínuo**	**Área**
Chaduf	→	Nora	Irrigação
Martelo	→	Laminadora	Metalurgia
Pistão	→	Turbina	Energia
Tesoura	→	Cisalha rotativa	Trabalho dos metais
Plaina	→	Fresa	Máquinas-ferramentas
Pêndulo	→	Giroscópio	Instrumentos científicos
Pantelégrafo	→	Belinógrafo	Telecomunicações
Mão	→	Máquina	Todas as áreas

Nas técnicas de irrigação, o chaduf, dispositivo em uso desde a Alta Antigüidade até hoje, consiste em levantar um recipiente (pele de cabra ou recipiente rígido) graças a um contrapeso colocado na extremidade de um

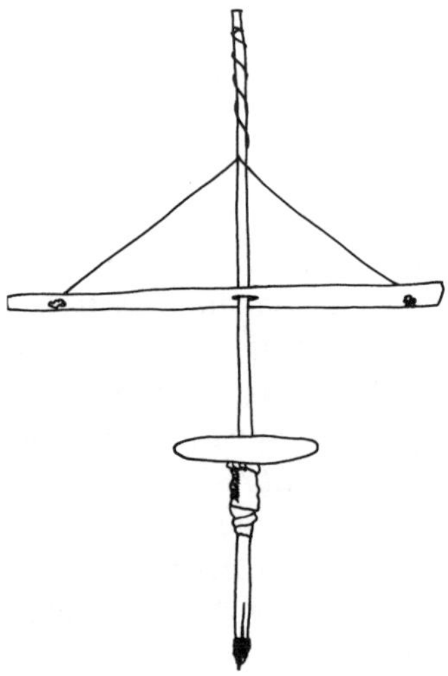

Perfuradora movida a bomba.

balanceiro (Jacomy, 1990, p.115-29). A nora, máquina automática movida pela corrente de água, é a transposição mecânica do chaduf. Cada copo é levantado até a parte superior da roda, para esvaziar o seu conteúdo num canal de irrigação. Além disso a operação é automática, pois em geral é a corrente de um rio que move a nora.

Mais próxima de nós, a laminadora permite pressionar continuamente o bloco de ferro — aquecido, para torná-lo maleável — como faz o martelo do ferreiro no seu movimento de vaivém. O setor das máquinas-ferramentas nos fornece outros exemplos. Um dos mais notáveis é a plaina ou o torno de bancada limador, duas máquinas que diferem principalmente por suas dimensões, e cuja ferramenta reproduz, na peça de metal, um movimento alternativo análogo ao da plaina sobre a peça de madeira. Essas máquinas, cuja inércia deve ser constantemente contrariada para mover a ferramenta (ou a peça) alternadamente nos dois sentidos, têm um rendimento medíocre e são sujeitas a um desgaste e logo a uma manutenção importantes. O advento da fresa representa, nesse caso preciso, um progresso considerável para usinar superfícies perfeitamente planas. E a ferramenta da fresa não é outra senão uma peça rotativa munida de uma sucessão de ferramentas elementares, cumprindo umas depois das outras a mesma função que a lâmina da plaina do artesão — mais uma vez.

Enfim, se aparecem no quadro os exemplos do giroscópio e do belinógrafo é para mostrar que essa tendência não é exclusiva do domínio da mecânica. O giroscópio que o físico Léon Foucault criou em 1852 é apenas a transposição, para movimento rotativo contínuo, do pêndulo com o qual ele mostrara

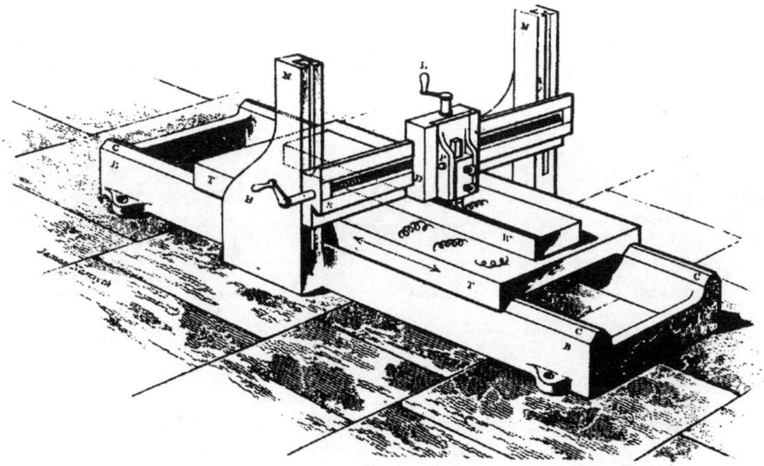

Plaina de oficina, tipo inventado pelos engenheiros ingleses Bramah e Maudslay, meados do século XIX. (Wilson, *American Science and Invention: A Pictorial History*, 1960, p.249.)

publicamente, no ano anterior, a rotação da Terra, obtendo o sucesso que todos nós conhecemos.

Quanto às telecomunicações, o movimento é similar; o pantelégrafo de Giovanni Caselli (por volta de 1865) é fundamentado no princípio de um pêndulo que oscila, analisando e depois reproduzindo a distância um desenho previamente preparado. Esse antepassado eletromecânico do fax moderno deu origem, várias décadas depois, ao belinógrafo, aparelho rotativo com a mesma função e que, até o advento das modernas telecopiadoras, serviu na área da imprensa cotidiana para transmitir fotografias a distância. É possível exemplificar até hoje esse exame dos sistemas de análise da imagem, citando os scanners industriais que, para os "fotogravadores" — termo bem impróprio, hoje — informatizam as imagens com grande velocidade e alta definição, graças a cilindros de rotação rápida, sobre os quais são fixadas as fotos a analisar. Eles representam a versão rotativa e "contínua" dos nossos scanners amadores de movimento linear.

Como vemos, exemplos não faltam, e deixo ao leitor o cuidado de descobrir outros, igualmente ilustrativos. A constatação que pode ser facilmente feita em várias áreas, como prova o quadro precedente, é a anterioridade do movimento linear alternado sobre o rotativo contínuo. Numa exposição apresentada no Museu de Artes e Ofícios em 1994-1995, dediquei uma vitrine à exibição dessa tendência em dois casos simples: as ações de *golpear* e de *cortar* (Jacomy, 1994).

O primeiro caso mostrava como o martelo, ferramenta comum a muitos ofícios, se torna, na forja do ferreiro que quer deformar grandes pedaços de

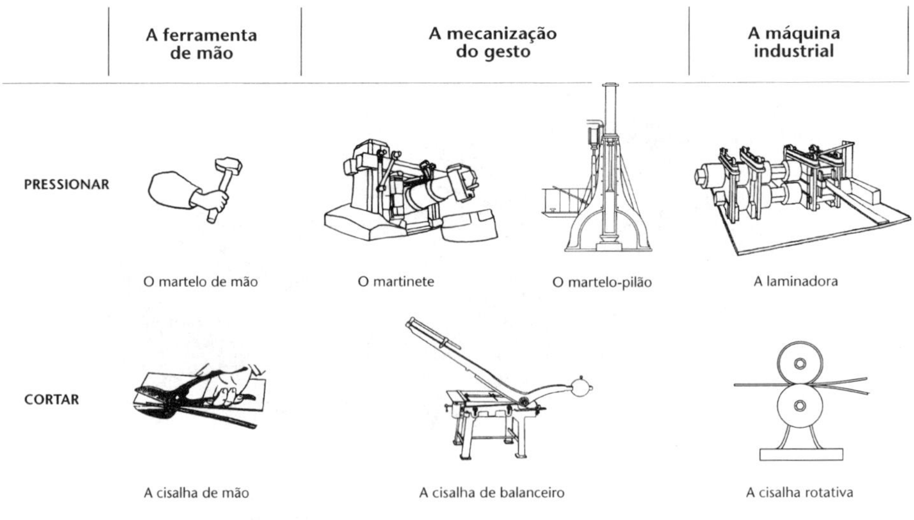

A passagem da ferramenta de mão para a máquina.

ferro, um martinete ou um martelo hidráulico. A ação dessa máquina-ferramenta, conhecida desde a Idade Média, é exatamente análoga à da mão. Levantado por uma engrenagem, o grande martelo cai sobre a peça exatamente como o martelo de mão, do qual é proveniente. A necessidade de modelar peças cada vez mais importantes leva os construtores do início do século XIX a inventar o martelo-pilão, cuja ação ainda é idêntica à do martelo de mão, mas que se afasta sensivelmente deste, pelo recurso a um golpe unicamente vertical e por uso do vapor. A outra máquina apresentada na exposição parece completamente diferente. Trata-se da laminadora. Embora também conhecida há vários séculos na metalurgia, ela só se desenvolve efetivamente no século XIX, com a utilização maciça do ferro e depois do aço. O martelo parece bem distante dela, màs a laminadora também aplaina grandes pedaços de ferro. O resultado é o mesmo, mas o princípio mudou fundamentalmente: a ação intermitente se tornou contínua, o movimento linear se tornou rotativo.

O ato de cortar segue exatamente o mesmo processo. Passa-se das tesouras correntes para a cisalha a mão de oficina, para chegar à cisalha rotativa, máquina-ferramenta circular e contínua. Desde a invenção da roda, há mais de cinco mil anos, a idéia de utilizar o seu modo de *reciclagem* perpétua continuou o seu caminho, e a tendência de todas as máquinas é chegar a alguma coisa "que gire". Assim, passou-se do chaduf para a nora, do motor a pistões para o turborreator, aproveitando "a força do impulso adquirido", segundo a bonita expressão de Leroi-Gourhan (1945, p.101).

Através desses exemplos, que todos podem observar no mundo que nos cerca, apontamos uma característica própria da nossa civilização mecânica: a importância da roda, primeira máquina complexa,[1] que terá um lugar capital no pensamento técnico ocidental e nos seus desenvolvimentos constantes até hoje.

DO VERTICAL AO HORIZONTAL

A segunda tendência fundamental da evolução das máquinas diz respeito à sua orientação geral em função do eixo de simetria das principais partes em movimento. Aqui também os exemplos não faltam. Sem desenvolver mais a questão, recomendo ao leitor as linhas dedicadas às rodas de moinhos a água em *Une histoire des techniques* (Jacomy, 1990, p.175 *ss*). Os primeiros moinhos destinados a acionar uma mó de eixo vertical, sejam a água ou a vento, eram dotados de um "motor" cuja árvore era comum à da mó. Comparando a evolução de vários outros objetos técnicos de simetria axial — cabrestante, pistão das primeiras máquinas a vapor, máquinas de escavar canhões etc.— vemos

1. Entendo com isso a complexidade conceitual da roda, que comporta dois elementos distintos e indissociáveis — o cubo e a parte móvel — com uma descontinuidade de matéria que faz dela um dos primeiros exemplos de criação humana sem nenhuma analogia na natureza.

que a simetria do sistema tende a orientar naturalmente o conjunto no eixo da força de gravidade. De fato, como todo movimento gera atrito, e conseqüentemente calor e desgaste, a lógica técnica impõe que se orientem as peças em rotação de modo que a gravidade aja igualmente sobre todas as partes, isto é, dispondo-as segundo um eixo de simetria vertical. Assim, no moinho, a peça que suportar o peso da árvore se gastará regularmente, e o pistão da máquina a vapor de Thomas Newcomen não sofrerá a flexão que poderia ovalar o cilindro, tão difícil de usinar em 1712. Apenas em um segundo tempo, quando os progressos técnicos permitirem dominar a flexão das árvores, o aquecimento dos órgãos que suportam e guiam as árvores de transmissão, o desgaste das juntas etc., o sistema poderá ser adaptado a um eixo horizontal, como acontecerá na máquina a vapor, nos anos 1830.

Outros exemplos podem ser citados, no mundo das máquinas-ferramentas ou dos motores, que apenas indico no quadro abaixo.

Máquina	**Eixo vertical**	→	**Eixo horizontal**
Roda	Roda de poteiro	→	Roda veicular
Rebitadora	Rebitadora Schneider	→	Rebitadora Garforth
Máquinas a vapor	Máquinas de Watt ou Newcomen	→	Máquinas de 2ª geração
Moinhos	Roda horizontal	→	Roda vertical

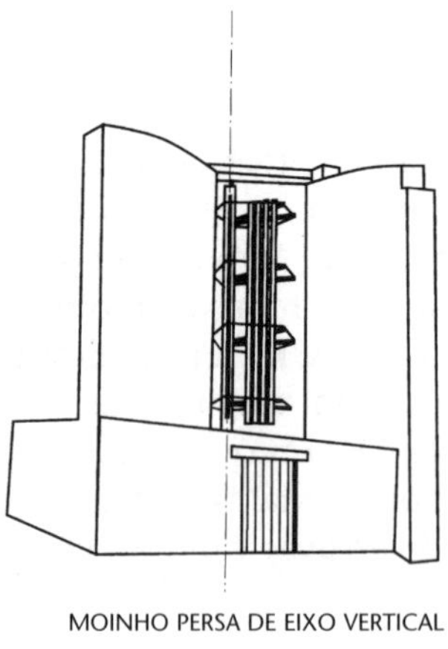

MOINHO PERSA DE EIXO VERTICAL

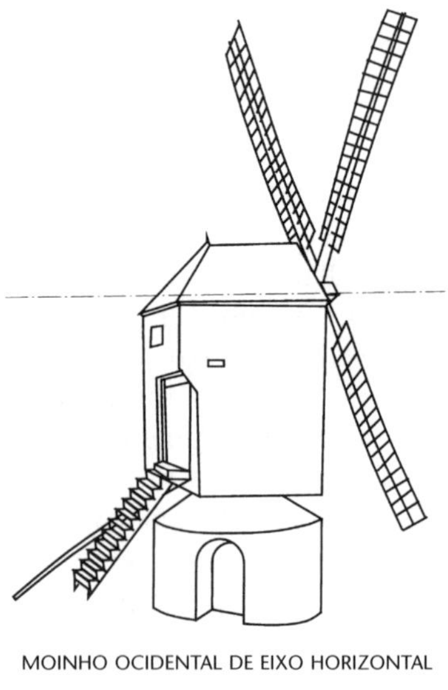

MOINHO OCIDENTAL DE EIXO HORIZONTAL

Uma tendência da evolução das máquinas: a passagem do eixo vertical para o eixo horizontal.

Se uma das motivações essenciais de uma abordagem genética da evolução dos objetos técnicos é o estímulo à criação, à invenção de produtos novos, suas razões não são apenas produtivistas e imediatamente utilitárias. Na verdade, cultura técnica e criatividade mantêm relações estreitas. A cultura técnica é em si uma escola de criatividade. Em minha opinião, a aquisição dessa cultura é um elemento essencial para o desenvolvimento de uma mente aberta, e logo inventiva. Mas a relação também se estabelece no outro sentido. A criatividade, como o sentido de observação, é um dos fatores que podem favorecer uma "aculturação técnica".

Terceira parte:

A MEMÓRIA DAS TÉCNICAS

1 O ser vivo e o artificial

Mesmo que, como observa Stephen Jay Gould, "as comparações entre a evolução biológica e a evolução cultural ou tecnológica humanas sejam, em geral, mais desastrosas do que benéficas" (Gould, 1993, p.61), não podemos deixar de ressaltar interessantes correspondências no trajeto de um mesmo pensamento "evolutivo". À era da *coleção* — museus, conservatórios — sucede a da *dissecção,* tanto nas artes liberais como nas artes mecânicas, e a *Enciclopédia* nos dá o exemplo vivo desse fato. Depois, vem o tempo da *taxonomia*: classifica-se, descreve-se e depois nomeia-se. Enfim, tenta-se discernir *estruturas* caracterizadas por constantes que garantem a sua permanência, base de uma teoria da evolução.

O paralelo entre evolução do ser vivo e evolução do artificial deve deter-se nesses elementos de sistêmica e de método, pois a distância entre esses dois mundos é notável. Gould evidencia três diferenças:

- a evolução cultural (a dos seres artificiais) é muito mais rápida do que a evolução biológica;
- a primeira é mais direta e de forma lamarckiana, enquanto a segunda é indireta e darwiniana;
- a árvore da evolução biológica é constantemente divergente, ao passo que, "na história humana, as trocas entre os diferentes ramos constituem talvez o mecanismo maior da evolução cultural" (Gould, 1993, p.63).

O antropólogo Alfred Louis Kroeber elaborou uma representação iconográfica muito explícita, na qual são representadas, lado a lado, a árvore da "vida orgânica" e a árvore dos "objetos culturais". Aliás, para Gould duas noções são válidas em ambos os casos: a *contingência* e a *ocupação de uma posição.* O exemplo no qual ele se baseia é a criação, e principalmente a persistência, do teclado QWERTY. A supremacia desse tipo de teclado, que se tornou universal apesar da presença de outros modelos bem mais eficientes, é dita contingente "se resulta, por sorte, de uma longa série de antecedentes imprevisíveis, mais do que da aplicação necessária das leis da natureza" (Gould, 1993, p.67).

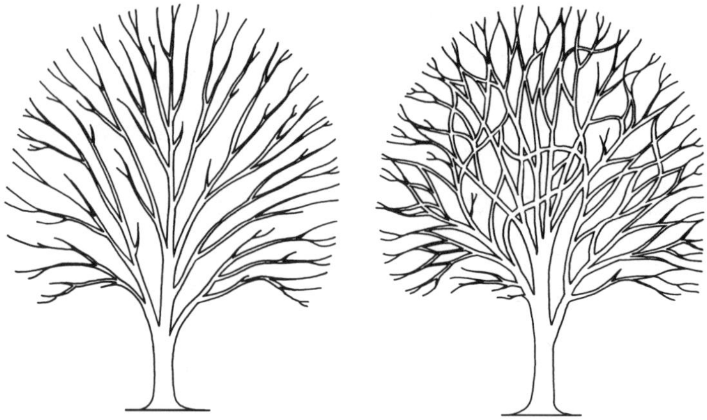

As árvores do antropólogo A.L. Kroeber, representando a vida orgânica, à esquerda, e os objetos criados pelo homem, à direita (1948) (George Basalla, 1988, p.138).

Na verdade, foram acontecimentos menores, insignificantes, que fizeram com que o teclado QWERTY se impusesse em alguns anos. E, uma vez instalado no ensino da datilografia, sua posição dominante nos anos 1900 só fez reforçar-se, até não ter mais concorrência, mais de um século depois, por outros teclados, mais rápidos.

Apesar de tudo, antes que esse ferveroso propagador daquilo que se chama habitualmente de evolucionismo viesse limitar os territórios do ser vivo e do artificial, muitos foram os autores que se fundamentaram explicitamente na evolução biológica para compreender a das máquinas, ferramentas ou instrumentos fabricados pelo homem. Depois dos tecnólogos do século passado, foi o sociólogo americano S. Colum Gilfillan que, em 1935, propôs uma sociologia da invenção. O que é particularmente interessante no seu pensamento é que ele parte da observação precisa de uma coleção de objetos históricos, no caso os navios mercantes conservados no Museum of Science and Industry de Chicago. Gilfillan, cujos trabalhos são menos conhecidos e difundidos na Europa do que além-Atlântico, liga diretamente invenção e evolução, técnico e biológico: "Uma invenção é uma *evolução*, mais do que uma série de criações, e assemelha-se muito a um processo *biológico*, porque ela tem, com este último, um parentesco fundamental, através da mentalidade inata do homem" (Gilfillan, 1935, p.5). Enfatiza especialmente tendências para mais eficiência do processo da invenção, do empírico para o teórico, do amador para o profissional, do indivíduo para a equipe. Apesar de tudo, não despreza a importância do *criador*, o homem que vem, com inovações maiores, orientar o curso da história das técnicas.

George Basalla, que se posiciona como historiador e não como filósofo ou sociólogo da técnica, situa na mesma categoria os três pesquisadores americanos da primeira metade do século XX que teriam defendido uma teoria "heróica" da invenção — os sociólogos William F. Ogburn e S.C. Gilfillan, e o historiador econômico Abbott Payson Usher — embora esses três autores preconizem uma abordagem cumulativa das técnicas, fundada nas teorias darwinianas. Basalla propõe uma teoria fundada em três temas maiores:

- a *diversidade*: existe um grande número de tipos de objetos diferentes disponíveis há muito tempo;
- a *necessidade*: a maioria das invenções respondem a necessidades biológicas básicas;
- a *evolução tecnológica*: a analogia biológica explica o aparecimento e a seleção de objetos novos (Basalla, 1988, p.VII).

Todos fundam suas respectivas teorias em Darwin e na sua *Origem das espécies*, publicada pela primeira vez em 1859, e reivindicam uma história das técnicas que apresente linhagens evolutivas.

A utilização, desde a Antigüidade, da analogia mecanicista para explicar os processos de evolução dos seres vivos voltou-se, no século XIX, no sentido inverso. Para Basalla, as mais notáveis dessas repercussões da evolução biológica sobre a evolução das máquinas são os escritos de Samuel Butler (1835-1902) e as apresentações museográficas do antropólogo Augustus Henry Pitt Rivers (1827-1900). Ambos foram profundamente marcados pelos textos de Darwin e os aplicaram à sua maneira aos produtos da mão do homem. Butler, em *Darwin entre as máquinas*, uma "fantasia biológica e filosófica" (introdução de Valéry Larbaud a Butler, 1981, p.13), que publicou na sua revista *The Press* em 1863, trata as máquinas como uma nova classe de seres vivos, e até considera que elas são capazes de reproduzir-se, graças à intervenção das máquinas-ferramentas. Esse cristão, filho de pastor e neto de bispo, fora marcado por um trecho da *Origem das espécies*: "Nos seres organizados, cada parte é tão admiravelmente adaptada às suas condições de existência que parece tão improvável que ela tenha sido produzida de uma só vez em toda a sua perfeição quanto é improvável que uma máquina complicada tenha saído perfeita das mãos do seu primeiro inventor" (citado por V. Larbaud em Butler, 1981, p.314). Em *Erewhon* (1872), ele prolonga o seu "Livro das máquinas", tendo como porta-voz o personagem de um eminente professor do Colégio de Desrazão e abordando, notadamente, uma deliciosa hipótese sobre a evolução da forma do cachimbo... (Butler, 1981, p.254).

DO PAPEL À VITRINE

Enquanto Butler escolheu o romance para propagar a sua concepção da evolução das máquinas, Pitt Rivers optou por uma representação espacial mais próxima dos seus esquemas de pensamento. Oficial de carreira, interessou-se pela antropologia a partir do contato com as armas e depois com as ferramentas primitivas que coletou ao longo dos seus deslocamentos e classificou segundo princípios inspirados em Lineu. Enquanto os gabinetes de curiosidades freqüentemente apresentavam os *artefatos*[1] segundo a sua origem geográfica ou cultural, Pitt Rivers tomou a *forma* dos objetos como critério dominante. O resultado dos seus trabalhos foi o Pitt Rivers Museum, fundado em 1884 e que se pode visitar ainda hoje no interior do Natural History Museum de Oxford. À primeira vista, esse acúmulo extraordinário de lanças, ferramentas, máscaras das mais diversas origens parece ordenado segundo critérios puramente estéticos, à imagem das panóplias de ferramentas, apresentadas, por exemplo, nas exposições universais do século XIX. Na verdade, Pitt Rivers partiu do postulado de que a evolução dos objetos técnicos se fazia do simples para o complexo, nas formas e nas estruturas. Assim, extraiu de cada categoria de armas ou ferramentas o original mais provável e o dispôs no centro da sua vitrine. Em torno desse ancestral comum organizou os "descendentes" segundo linhagens irradiantes, essencialmente a partir de critérios morfológicos. Essa idéia é muito interessante e o efeito museográfico é absolutamente espetacular.

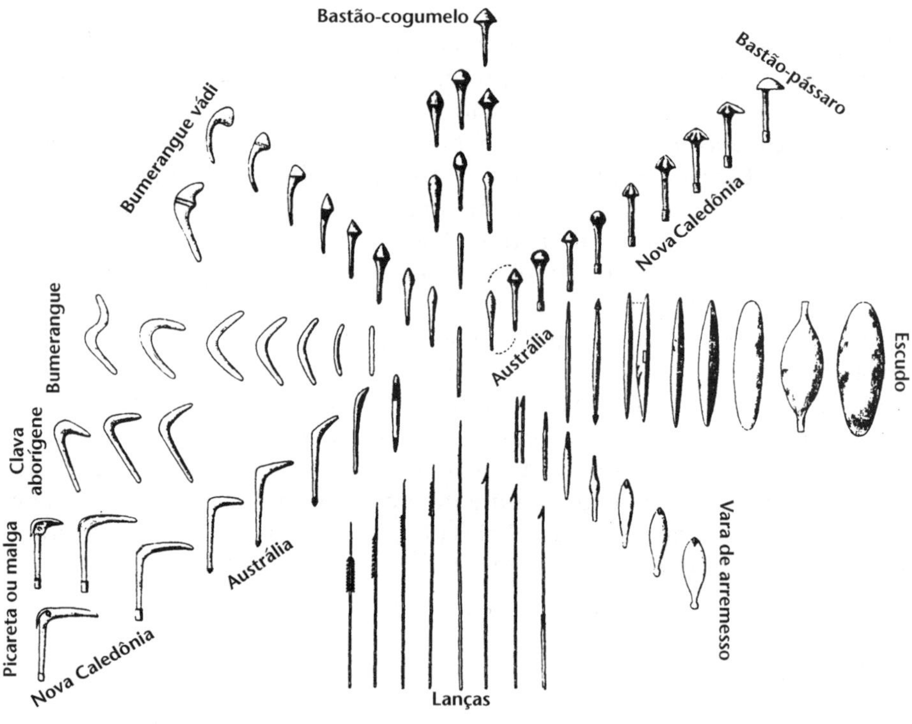

Uma apresentação em árvore de armas de lançamento, numa vitrine imaginada por Pitt Rivers, por volta de 1875.

1. No sentido primeiro de produtos do trabalho do homem.

No plano da evolução das técnicas, sua proposta contribuiu para mostrar que a evolução não tem nada de fixo ou de linear, mas que, em função de critérios técnicos ou culturais, uma linhagem se desenvolve numa direção ou em outra. Essa organização "radial", aplicada desde a criação do seu museu, contrastava radicalmente com as apresentações de outros museus contemporâneos ou posteriores, de coleções de objetos técnicos ou de animais: a galeria de zoologia do museu de história natural em Paris, aberta em 1889, ainda é estruturada em função da sistemática (Van Praët, 1991, p.22).

Quanto aos museus técnicos que começaram a surgir no fim do século XIX, tomarei o exemplo da *roda*, objeto extremamente simples, mas presente há cinco mil anos e com forte carga simbólica em nossas sociedades ocidentais. Quatro museus, criados entre 1890 e 1950, apresentam uma tentativa de filiação: o Deutsches Museum de Munique, o Museo Nazionale della Scienza e della Tecnica Leonardo da Vinci de Milão, o Národní Technické Muzeum de Praga e a Academia de Artilharia de Segóvia. Nos quatro casos, as rodas são apresentadas segundo uma disposição linear e, exceto no Deutsches Museum, que exibe duas linhagens de rodas, a série é exposta segundo uma simples linha reta, da roda cheia para a roda tripartida, depois com raios de madeira e enfim com raios metálicos. Essa apresentação em linha dá a entender ao visitante que as inovações se encadeiam com uma lógica imperturbável; que os objetos novos, mais eficientes, substituem sistematicamente os antigos, que com isso se tornam obsoletos. Essa visão positivista de um progresso inevitável, herdada diretamente do estado de espírito do século XIX, ainda está muito presente nos museus. Não posso deixar de compará-la com a conhecida representação das origens do homem segundo uma fila indiana que vai do chimpanzé ao homem de tipo ocidental, e que Stephen Jay Gould analisou, opondo-a à iconografia do cone de diversidade: "Todas as iconografias familiares da evolução são orientadas... por essa visão reconfortante da inevitabilidade e da superioridade do homem. A versão mais simples, a Grande Cadeia dos Seres ou Escala Linear do Progresso, data de antes de Darwin" (Gould, 1991, p.23).

No Deutsches Museum, duas linhagens aparecem, apresentadas verticalmente como nas árvores genealógicas de descendência. No alto, o ancestral, a roda cheia, abaixo a roda tripartida; depois duas linhagens, que poderiam ser atribuídas por um lado às rodas que trabalham em compressão, como a roda de charrete, por outro lado às rodas com raios dispostos como nas rodas de bicicleta. Essa análise não é claramente demonstrada, mas é uma pista que o visitante pode imaginar ao ver a série. As semelhanças entre essas apresentações museográficas não são uma grande surpresa. Sabemos que o Deutsches Museum, criado nos primeiros anos do século XX, serviu de modelo a muitos museus técnicos nas décadas seguintes.

Quando se comparam as apresentações de linhagens — a radial de Pitt Rivers e a "bifurcada" de Munique —, vêem-se imediatamente as grandes diferenças na idéia que o público pode fazer da evolução dos objetos técnicos.

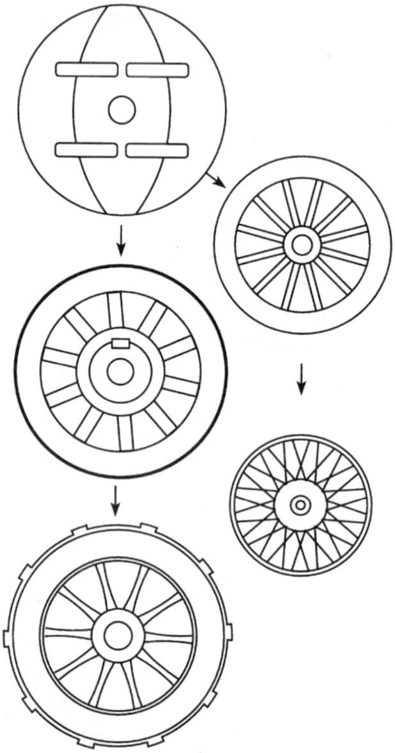

A apresentação em duas linhagens de uma série de rodas, numa vitrine do Deutsches Museum de Munique, 1991.

De uma série linear, conclui-se naturalmente a idéia de *progresso* da humanidade em direção a soluções sempre melhores, com os novos objetos substituindo os antigos. As apresentações do Pitt Rivers Museum, ao contrário, ilustram perfeitamente a *diversidade*, elemento-chave da evolução biológica, e mostram que uma inovação maior, podendo originar um novo ramo, é sempre possível. Como as árvores genealógicas de descendência, o diagrama radial ilustra as filiações múltiplas e, logo, as relações entre primos. Em contrapartida, em virtude da presença do ancestral comum no centro, esse diagrama parece impor uma origem única, sem anterioridade possível, mais próxima de Adão do que de Lucy... A panóplia das rodas do Deutsches Museum, embora comportando apenas dois ramos, é construída com base numa árvore filogenética clássica, mas com a origem na parte superior. Como no Pitt Rivers, a evolução é mostrada como sempre divergente, mas a origem não é fixa, e sempre é possível ligar essa árvore a uma outra árvore mais vasta.

Infalivelmente, a organização espacial das coleções, em vitrines ou em painéis, induz a uma concepção da evolução das técnicas, e logo a uma certa idéia do progresso humano. Nos museus de história natural, recorre-se muitas vezes a árvores filogenéticas para representar a evolução das espécies. Nos museus técnicos, esse fato é muito mais raro. Foi com o objetivo de testar esse tipo de apresentação de uma evolução arborescente, no âmbito do futuro Museu de Artes e Ofícios, que tentei apresentar, em 1994, na exposição temporária "O Homem Máquina", de que era curador, a evolução da máquina de escrever segundo uma árvore genealógica.

A MÁQUINA DE ESCREVER, UMA HISTÓRIA DE FAMÍLIAS

Nessa exposição, a máquina de escrever era considerada não apenas como um elemento de um sistema econômico e social, mas como um *ser* pleno, até mesmo uma família, que nasce, desenvolve-se e extingue-se. Essa família é constituída de tantas máquinas quantos foram os homens que imaginaram os seus

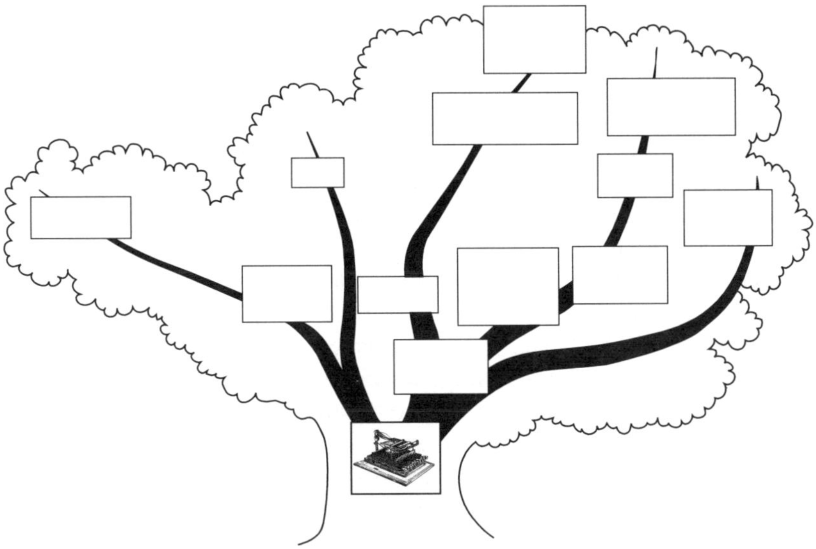

A árvore da evolução das máquinas de escrever, apresentada na exposição "O Homem Máquina", Museu de Artes e Ofícios, 1994.

vários aperfeiçoamentos. Afirmar que o gráfico marselhês Xavier Progin, por exemplo, é o inventor da máquina de escrever porque solicitou um registro de "pena tipográfica" em 1840 é um absurdo. A máquina, tal como é hoje, é o resultado de um longo processo de inovações, abandonos, escolhas, seleções.

A evolução da máquina de escrever, como a de muitos outros objetos técnicos, é uma longa aventura, envolvendo inventores geniais, empresários astuciosos e usuários sensatos. Como vimos a propósito do teclado QWERTY, foram necessários 50 anos para se poder ler — com a Visible Writer — o que se datilografava na máquina, mais outros tantos para se bater sem esforço nas teclas, e depois de um século e meio de história vemos a máquina extinguir-se, desaparecer, absorvida por outra máquina mais universal, o microcomputador. Observando os modelos apresentados na exposição "O Homem Máquina" — que tiveram de ser submetidos a uma seleção draconiana, tão grande é a família — o visitante surpreende-se diante do número, da variedade, da engenhosidade das inovações que acompanharam a primeira fase da máquina de escrever, mais ou menos antes do fim do século XIX. Tudo o que pôde ser imaginado o foi, mas a seleção atuou e só algumas soluções sobreviveram, aliás nem sempre as mais astuciosas, porém as menos caras, mais bem vendidas, ou as mais ergonômicas.

Ao contrário do projeto inicial e por razões de espaço, não podendo expor as máquinas de escrever segundo uma árvore filogenética horizontal, decidi dar seqüência à analogia, dispondo as máquinas sobre uma árvore, representada no fundo da vitrine com suas ramagens e ramos principais. O ancestral comum, no caso o *cembalo a scrivere* de Giuseppe Ravizza (1855), emprestado do museu de Milão, estava instalado no tronco da árvore, na parte inferior da vitrine. Os diferentes ramos se estendiam segundo os critérios estruturantes básicos das máquinas. O ramo maior terminava, na parte superior, num microcomputador atual, ilustrando o processamento de texto, enquanto os outros ramos se desdobravam, terminando em diferentes níveis da árvore.

Quanto às relações entre homens e máquinas, o mais interessante a ser lido nessa árvore da evolução é certamente a lenta *incorporação*, nessa máquina relativamente simples em suas origens, de um número cada vez maior de gestos, de *atos* humanos. A volta do cilindro, a seleção dos caracteres, a leitura direta, a correção automática..., passo a passo, o usuário cedeu à máquina um número crescente de tarefas, para chegar ao uso atual do reconhecimento ótico de caracteres, que permite aos computadores "ler", isto é, interpretar um texto escrito — hoje em caracteres de imprensa, num futuro próximo, à mão — para fazer dele um documento eletrônico legível sobre tela e passível de ser *tratado* à vontade. A máquina de escrever, em sua história recente, desapareceu da mesa do romancista, como a prancheta de desenho por sua vez dá lugar aos parques gráficos, no escritório.

Um estudo de avaliação realizado por ocasião da exposição (Gottesdiener e Davallon, 1995), assim como a observação cotidiana da atitude dos visitantes, mostrou como é difícil explicitar claramente essa idéia de evolução. Primeiro, o procedimento natural dos visitantes é selecionar visualmente os objetos, abstraindo a cenografia — podemos dizer no caso, o "cenário". Efetivamente, poucas pessoas notaram a árvore, entretanto muito visível. Aliás, a própria metáfora da árvore não significa imediatamente a idéia de genealogia e, quando a figura era notada, a idéia subjacente não o era. Enfim, certamente é preciso levar em conta a questão da apreensão das *dimensões* do espaço pelos diversos públicos. A maioria das pessoas — esta observação é antes de tudo qualitativa; estudos mais aprofundados devem poder quantificá-la — apreendem, naturalmente, apenas a *dimensão linear*, a do relato, que se encontra na escrita literária ou na música, por exemplo. A dimensão do plano já é uma noção mais complexa, que muitas pessoas têm dificuldade de captar. Prova disso são as dificuldades que têm certos indivíduos em orientar-se num mapa de cidade ou num quadro com dupla entrada. No caso, a árvore das máquinas devia ser lida segundo uma escala temporal vertical e ramificações tipológicas no eixo horizontal. Muitos viram apenas uma artifício cenográfico puramente estético, como aliás diante das vitrines do Pitt Rivers Museum.

Enfim, a proporção de pessoas que conseguem imaginar as três dimensões do espaço é ainda menor; são geralmente arquitetos, engenheiros ou escultores os mais familiarizados com a terceira dimensão. Vou me deter por aqui, embora os matemáticos ou os físicos possam se sentir peixes dentro d'água na enésima dimensão... *Flatland*, romance escrito pelo pastor inglês Edwin A. Abbott por volta de 1890, é um exemplo literário muito astucioso dessa noção das dimensões do espaço.

Essa tentativa de representação da evolução dos objetos técnicos no universo do museu mostra os seus limites e, de qualquer forma, é talvez simplesmente a própria idéia de *evolução* que não tem nada de evidente. O termo e a noção que ela induz são claros para os naturalistas, mas os estudos realizados sobre a Grande Galeria, por exemplo, dita justamente "da Evolução", aberta em 1994 no Museu Nacional de História Natural em Paris, mostram que o público não sai do museu com uma idéia precisa e correta da evolução das espécies. Se a idéia de dedicar uma galeria ao tema da evolução remonta a 1889, ainda hoje, "quando se fala de evolução, instala-se uma confusão entre o sentido científico e o senso comum" (Eidelman e Van Praët, 2000, p.48, p.235). Apesar de tudo, penso ser necessário repetir, sob outras formas, essas tentativas de representação da evolução dos objetos técnicos, para consolidar as primeiras conclusões da árvore da máquina de escrever, mas principalmente para mostrar mais claramente que a observação da vida dos objetos pode ser um excelente estímulo para a criatividade técnica.

2 Do gabinete ao Conservatório: as coleções das Artes e Ofícios

A história do Conservatório Nacional de Artes e Ofícios francês é atualmente bem conhecida, graças notadamente aos trabalhos históricos realizados por ocasião do bicentenário do estabelecimento, em 1994. Infelizmente, a história das coleções abrigadas pela instituição, que constituem hoje o acervo considerável do Museu de Artes e Ofícios, ainda continua na sombra e mereceria estudos aprofundados. Essa história está por ser escrita; contento-me aqui em traçar em linhas gerais algumas de suas etapas essenciais, desde a constituição do acervo inicial até a exploração das coleções no atual museu, terminando com algumas reflexões sobre a conservação do patrimônio científico e técnico contemporâneo.

A CONSTITUIÇÃO DO ACERVO INICIAL

Criado por um decreto de 10 de outubro de 1794, o Conservatório Nacional de Artes e Ofícios francês tem uma missão muito clara, que pode ser resumida nestas palavras pronunciadas pelo abade Grégoire, diante da Convenção: "Aperfeiçoar a indústria nacional." Sem dúvida, a idéia não era nova, pois já em 1648 Descartes traçara os primeiros esboços de uma universidade para artesãos e operários, e o filósofo inglês Francis Bacon (1561-1626) descrevia, em *Nova Atlântida* (1627), uma casa de Salomão, na qual também se anunciava o espírito de uma tal instituição: "...temos duas galerias bastante amplas e belas; numa delas colocamos os modelos e as amostras de todas as espécies das mais raras e excelsas invenções; na outra colocamos as estátuas de todos os principais inventores." Certamente, o Conservatório, no início do século XIX, se parecia muito com essa descrição imaginária.

No contexto econômico internacional do século XVIII, a criação do Conservatório não correspondia apenas a motivações "culturais". Antes de tudo, ela se inscrevia em uma política industrial, instaurada por Colbert, que visava a dotar a França dos meios técnicos e pedagógicos para fazer concorrência, nessa área, a outros países europeus, principalmente a Inglaterra e os Países Baixos. Essa precisão é importante para compreender a constituição inicial das coleções e a limitada presença dos instrumentos científicos no acervo original. As personalidades homenageadas com estátuas monumentais na escadaria principal demonstram essa orientação: de um lado, Olivier de Serres (1539-1619) simboliza a política agrícola; do outro, Jacques Vaucanson encarna a política industrial.

Assim, inicialmente o Conservatório não era nem um museu nem um gabinete de física, embora tivesse alguns dos princípios pedagógicos deste último. Essa nova instituição era, principalmente, um instrumento de *estímulo à inovação*, destinada a uma ampla população, técnica ou não. Grégoire, mais uma vez, precisou o conteúdo e o público previstos no decreto de fundação. Tratava-se de criar "um depósito de máquinas, modelos, ferramentas, desenhos, descrições e livros sobre todos os gêneros de artes e de ofícios".

O Consevatório só se instalou na abadia de Saint-Martin-des-Champs em 1800, mas a história de suas coleções remonta a meados do século XVIII, pois um número importante de objetos provinha do gabinete de máquinas de Vaucanson. Engenheiro mecânico e inspetor das manufaturas, Vaucanson reuniu, a partir de 1746, no seu palacete de Mortagne, em Paris, uma coleção de máquinas, essencialmente de sua invenção, fabricadas na sua oficina com verbas públicas. Eram principalmente modelos referentes à indústria da seda, que ele tinha como missão renovar: moinhos para fiar a seda e muitos modelos de mecanismos conexos, teares, dobadouras, e também máquinas de perfurar, cortar e modelar as peças necessárias para a fabricação das outras máquinas têxteis. Esses modelos, assim como os desenhos que os completavam, já eram acessíveis aos artesãos e operários que vinham assistir às demonstrações do mecânico, para aperfeiçoar a sua arte.

Com a morte de Vaucanson, em 1782, sua coleção foi legada a Luís XVI (Place, 1984; Doyon e Liaigre, 1963). Já no ano seguinte, o rei aprovou o projeto proposto pelo Comitê de Finanças para que essa coleção única fosse enriquecida e apresentada ao público, sob a direção de Alexandre-Théophile Vandermonde (1735-1796), matemático e membro da Academia de Ciências, e amigo de Vaucanson. Durante os onze anos seguintes, antes da criação efetiva do Conservatório, as coleções do palacete de Mortagne aumentaram consideravelmente, passando de cerca de 60 máquinas em 1783 a aproximadamente 220, no inventário de 1787. A missão desse gabinete, como depósito de máquinas, era semelhante à do Jardim do Rei, que prefigurava o museu de história natural. Mas a idéia de *depósito legal*, que Vandermonde desejava desenvolver, era muito difícil de prosperar. Estava claramente definido o objetivo de favorecer a inovação técnica, com a divulgação de soluções novas, mas o sistema das corporações, contra o qual o Estado queria lutar, era ainda muito ativo.

O mecânico Claude-Pierre Molard (1759-1837) reuniu-se a Vandermonde, em 1785, para administrar a coleção do palacete de Mortagne e elaborar o seu catálogo. Esse catálogo comentado não seria concretizado, mas Molard criou e aperfeiçoou muitas máquinas, principalmente têxteis, executadas pelos operários de Vaucanson. A vocação pedagógica do gabinete se afirmou finalmente com a instituição, em 1786, de um ensino fundado na *demonstração*: "O cidadão Molard dá continuamente demonstrações, no depósito de Vaucanson, na Rue de Charonne, e os amadores acorrem. Essas demonstrações são feitas atualmente no decadi,* dia no qual os operários podem comparecer mais facilmente" (1799).

Instalou-se, então, o que viria a constituir a estrutura característica do Conservatório: "galerias de exposições de modelos"[1] e demonstrações efetuadas a partir dos objetos apresentados. Evidentemente, essa tradição se ligava à dos gabinetes de física ou de história natural, e também à *Enciclopédia* de Diderot, grande "teatro" das artes e ofícios, na qual as oficinas, os homens e as técnicas eram representados. A tríplice missão dos gabinetes — experimentação, educação, representação — caracterizaria o Conservatório ao longo do século XIX, seria retomada em 1937 com o Palais de la Découverte e encontraria uma nova atualidade com os objetivos atribuídos ao museu no relatório prévio à sua renovação (Piganiol, 1989).

A importância da indústria têxtil, que ocupava quase a metade dos modelos do palacete de Mortagne (fiação e tecelagem, da seda e de outros têxteis), se explica pela forte concorrência internacional, que transformava essa área no centro das preocupações dos Ministros do Comércio da época. Os italianos, especialmente na região de Bolonha, tinham uma grande tradição no trabalho da seda, remontando a vários séculos e sempre muito famosa. Os ingleses desenvolveram, desde os anos 1730, inovações notáveis, que fizeram com que a área têxtil passasse de um artesanato fracamente mecanizado para uma indústria que utilizava, já no fim do século XVIII e bem mais amplamente do que na França, o ferro e o ferro fundido para a construção das máquinas, a hulha e o vapor para a energia motriz. Compreende-se assim a importância e o número de modelos piemonteses e ingleses no acervo inicial do Conservatório.

Paralelamente ao palacete de Mortagne, novas coleções foram adquiridas pelo Estado durante o período revolucionário (Place, 1994). Em 1792, o físico Jacques Alexandre César Charles (1746-1823) legou à nação mais de 330 peças do seu gabinete. Instaladas na Galeria de Apolo, no Museu do Louvre, elas esperariam mais de vinte anos até se incorporarem definitivamente ao Conservatório, tendo Charles recuperado temporariamente uma parte delas para o seu gabinete de Fontainebleau. Durante essa "pré-história" do Conservatório, outras coleções se acumularam em diferentes locais. No Louvre, encontravam-se instrumentos provenientes da Academia de Ciências — entre os quais as peças de relojoaria e os modelos de máquinas e ferramentas legados

* No calendário republicano francês de 1793, o décimo dia de cada mês, no qual os operários folgam. (N.T.)

1. Essa fórmula ainda aparece, gravada em mármore, acima da antiga entrada monumental do Museu.

em 1753 por Pajot de Ons-en-Bray — misturados com as máquinas da galeria das artes mecânicas (confiscadas de Philippe Égalité) e os instrumentos dos gabinetes de Versalhes. No palacete de Aiguillon, na Rue de l'Université, estavam estocadas máquinas agrícolas e hidráulicas provenientes da Sociedade de Agricultura. Por ocasião do período conturbado da Revolução e do Terror, o Conservatório foi o destinatário natural das coleções requisitadas sob a égide da comissão temporária das artes. Tratava-se de objetos técnicos, e também de livros e desenhos — o álbum da máquina de Newcomen, quadro animado com as armas de madame de Pompadour, por exemplo.

Mas a fundação oficial do Conservatório, em 1794, ainda não permitiria ver esses elementos díspares reunidos em um só lugar. Seria preciso esperar até 1800 e pela disponibilização da abadia de Saint-Martin-des-Champs para que as coleções fossem enfim instaladas em local adaptado para a missão da jovem instituição. Entre 1794 e 1800, os três demonstradores e o desenhista previstos no decreto de criação estavam a postos, mas a dispersão das coleções por Paris não permitiu à instituição funcionar com eficiência.

O CONSERVATÓRIO EM SUA PRÓPRIA CASA

A mudança das coleções para uma nova sede em março de 1800 foi a ocasião não só para reunir as coleções dispersas mas também para recuperar máquinas e aparelhos de origens diversas, tais como a carreta de Cugnot, proveniente do Arsenal, ou órgãos de várias igrejas de Paris e arredores. Sob a direção de Claude-Pierre Molard, a partir de outubro de 1800, o Conservatório teria a sua própria casa. Vários acervos importantes chegaram durante os primeiros anos do século XIX, como em 1807 a rica coleção de Ferdinand Berthoud (1727-1807), relojoeiro do rei, adquirida pelo soberano em 1782 pela soma de 30 mil libras: cerca de 20 relógios e cronômetros de marinha, assim como a sua oficina completa, com mais de cem máquinas, ferramentas e instrumentos de medida (Berthoud, 1782). Em 1806 e 1810, com a chegada de um lote importante de máquinas provenientes das exposições de produtos da indústria francesa, instaurou-se o que seria uma fonte regular de aquisição do Conservatório.

Em matéria de instrumentos científicos, o gabinete de Charles foi cedido definitivamente ao Estado, em 16 de novembro de 1807, em troca de uma pensão de dez mil francos para o físico; as cerca de 600 peças, que constituíam o gabinete foram para as salas do Conservatório em 1814; a ala norte do prédio seria destinada a esse acervo. De 1816 a 1819, Charles se encarregou de um curso de física, no qual realizou experiências públicas, como faziam outros demonstradores do estabelecimento, e ele próprio em seu gabinete.

Nesse mesmo ano de 1814, por iniciativa de Molard e do duque de La Rochefoucauld-Liancourt (1747-1827), foi organizada uma grande coleta junto aos administradores dos departamentos, a fim de apresentar ao Conservatório uma relação atualizada do estado representativo da indústria francesa.

Essa iniciativa se inscrevia na política geral de formação profissional técnica, da qual La Rochefoucauld se tornara ardente partidário, criando as escolas de artes e ofícios, já em 1780.

Ao longo desse período muito ativo do início do século XIX, em que muitos objetos entraram nas coleções, foi preciso, por várias vezes, reorganizar as salas. Com a chegada de Gérard-Joseph Christian à direção do Conservatório, em 1816, uma nova disposição das galerias de máquinas e modelos começou a ser feita. Terminada no ano seguinte, essa reestruturação tornaria possível a realização do primeiro catálogo completo das coleções, iniciado em 1816 e publicado em 1818, documento essencial para o conhecimento do acervo.

AS COLEÇÕES EM 1818

Esse catálogo contém uma inestimável descrição do que a instituição oferecia aos seus usuários nos anos 1810. Ao contrário dos catálogos seguintes, este era organizado não segundo as matérias ou os números de inventário dos objetos, mas segundo as salas. Assim, as galerias, dali por diante, foram classificadas em duas categorias: as *galerias públicas*, com acesso direto, e as *salas particulares*, com acesso mais restrito. O catálogo nos dá indicações preciosas sobre as condições de visita: "O estabelecimento está aberto ao público às quintas-feiras e aos domingos, das dez às 16 horas. Todos os sábios reinícolas [franceses], os artistas e os estrangeiros são recebidos para a visita nos outros dias, do meio-dia às 16 horas. Quanto às salas particulares, a boa ordem exige que, para visitá-las, solicite-se *por escrito* a autorização do diretor" (Christian, 1818, p.XVj).

É difícil quantificar precisamente a extensão do acervo nesse período, pois os relatórios registram freqüentemente conjuntos de ferramentas ou máquinas, sem detalhar a quantidade de itens. Entretanto, obtém-se um total indicativo de 3.361 números de objetos e 622 "números" de desenhos. Eis o estado sumário das coleções, tal como figura no catálogo de 1818:

GALERIAS PÚBLICAS

Galerias de entrada, máquinas em geral .... 108 "números"
Agricultura (moinhos), máquinas,
máquinas hidráulicas, veículos e levantamento
de fardos

Primeiro vestíbulo 4
Planos em relevo

Sala de agricultura 521
Agricultura, metalurgia, prensas, bombas
de fogo, máquinas hidráulicas

Sala de fiação 80
Máquinas em geral, têxtil

Grande galeria 538
Modelos, corte de pedras, estrutura,
arquitetura, metalurgia, armas, barcos,
trenós, carneiros, máquinas de pilotis,
serras, modelos de oficinas

Galeria das amostras 374
Modelos diversos e teares em tamanho
natural: destilação, tonéis, economia
doméstica (metalurgia, química), têxtil,
serralheria

SALAS PARTICULARES

Sala Vaucanson 136
Mecânica: ferramentas, laminadoras,
tornos, máquinas
Artes gráficas (*assignats*)*

Sala do leque 290
Mecânica: rodas, engrenagens. Pesos
e medidas, cálculo, matemática, geometria,
geodesia, astronomia, quadrantes solares,
telégrafos

Sala dos tornos 45
Tornos

Sala lateral contígua ao jardim 138
Ótica, astronomia, eletricidade,
pneumática

Sala das ferramentas 217
Ferramentas

Sala de relojoaria 279
Relojoaria (oficina de Berthoud)

Gabinete de física (gabinete de Charles) 631
Mecânica, hidrostática, pneumática,
acústica, pneumatoquímica, eletricidade,
galvanismo, ímã, ótica, objetos diversos
(mesas, ferramentas)

Sala dos desenhos 622
Hidráulica, agricultura, transportes, escalas,
carregamento, pontes, têxtil, máquinas diversas,
agulhas, *assignats*, pesos e medidas, gráfica, economia
doméstica, metalurgia, artilharia, armas, navegação, papel,
aerostatos, matemática, ótica, música, relojoaria, iluminação,
épuras e croquis das máquinas de Vaucanson
traçados por ele mesmo, pranchas gravadas de artes e ofícios

---

* Papel-moeda emitido na Revolução Francesa. (N.T.)

Esse registro das coleções nos informa claramente sobre a composição geral do acervo do Conservatório; a agricultura e a indústria constituíam, numa mesma ordem de volume, as suas duas partes essenciais, com algumas áreas especialmente bem representadas: a mecanização dos trabalhos rurais para a agricultura, o têxtil e a mecânica — aliás, muitas vezes intimamente ligados — para a indústria. Um pouco à margem, as coleções de instrumentos científicos compunham um terceiro conjunto bem identificado, mas de extensão mais modesta. Esse conjunto reunia principalmente o gabinete de Charles e a oficina de Berthoud.

Apesar da fase inicial conturbada e dos momentos difíceis, o primeiro quarto de século do Conservatório representa um período de florescimento intelectual e material muito rico. Essa "infância" presenciou o advento de categorias de objetos muito variados: quanto aos temas, as coleções comportavam um número importante de modelos de máquinas e instrumentos científicos; quanto aos tipos de aquisições, confiscos, doações e depósitos; quanto aos objetivos, enfim, objetos da atualidade, mostrando as técnicas mais "de ponta" e modelos de demonstração para a transmissão dos saberes científicos e do saber-fazer técnico.

DO GABINETE AO LABORATÓRIO

A partir de 1819, teve início uma nova era para o Conservatório. Com a criação das três primeiras cátedras, a instituição orientou-se, por um lado, para um ensino mais clássico, substituindo de certa forma a demonstração pelo curso; por outro lado, para um ensino mais científico. Ao ensino técnico e profissional sucedeu um "alto ensino", no qual a economia, a química industrial e depois as matérias de caráter social adquiririam importância crescente. Paralelamente a essa renovação das concepções pedagógicas iniciais, efetuou-se outra mutação, a do gabinete proveniente dos grandes gabinetes de física do século XVIII para o laboratório, cujo modelo mais ilustrativo foi o "laboratório experimental de mecânica", criado por iniciativa do general Morin, pouco tempo depois da sua chegada à direção do Conservatório, em 1849. Esse projeto do novo diretor era parte de um conjunto de medidas visando a lançar novamente o Conservatório no terreno industrial. Daí surgiu a publicação, em 1851, de um segundo inventário, com nova reorganização das coleções. Mais de 28 mil objetos foram listados.

Levando-se em conta esse profundo remanejamento do Conservatório, podemos perguntar quais foram as conseqüências para as suas coleções e sua apresentação. Primeiramente, constata-se a importância das aquisições efetuadas por ocasião das grandes exposições universais, principalmente aquelas realizadas durante a direção Morin: 1855, 1867 e 1878. Cerca de cem mil francos de verbas extras seriam destinados a essas aquisições. O laboratório de mecânica instalado na igreja da abadia de Saint-Martin-des-Champs efetuou, aliás, muitos ensaios hidráulicos e perícias preliminares a essas exposições.

Em seguida, assistiu-se à chegada de importantes coleções de uso especificamente pedagógico, como demonstram os numerosos modelos de engrenagens de madeira e modelos com fios, para os cursos de matemática, realizados a pedido de Théodore Olivier (1793-1853), professor de geometria descritiva. Esses modelos com fios de seda, executados em meados do século XIX por Pixii e filhos, construtores de instrumentos científicos, constituem ainda hoje uma coleção excepcional, e também um exemplo raro de aplicação de objetos de demonstração ao estudo de uma matéria essencialmente teórica (Sakarovitch, *in* C. Fontanon e A. Grelon, 1994).

Enfim, o deslocamento das demonstrações das galerias para os anfiteatros e salas de aulas foi acompanhado de uma utilização diferente dos objetos e locais. As experiências eram realizadas em lugares específicos, e as galerias de exposição tendiam a tornar-se apenas locais de estocagem e de visita para os usuários do Conservatório. Os trilhos que percorrem ainda hoje as salas do museu comprovam essa tendência, sendo os objetos de demonstração transportados para as salas de aula em carretas do tipo Decauville, conforme as necessidades do ensino.

Durante a segunda metade do século XIX, um grande número de peças ainda proviriam das fontes originais do Conservatório, como a Academia de Ciências, com a chegada, em 1866, de um importante lote, do qual constava uma parte do laboratório de Lavoisier. Mas as preferências dos responsáveis pela instituição se dirigiam para outros campos, notadamente para preocupações mais utilitaristas.

QUANDO AS GALERIAS SE TORNAM MUSEU

O vocábulo "museu" aplicado ao Conservatório Nacional de Artes e Ofícios não é algo tão antigo quanto se pensa. Remonta à virada do século XIX para o XX e reflete bem a tríplice evolução que se iniciou então. Primeiro, o ensino se orientou cada vez mais para as matérias científicas, econômicas ou sociais, para as quais a demonstração a partir de objetos não parecia a mais apropriada para transmitir um saber. Depois, o ensino técnico que subsistia, referente a campos novos, recorria cada vez menos ao objeto: a eletricidade, a química industrial, as telecomunicações, mais tarde a eletrônica, a energia nuclear ou a informática não podiam mais ser explicadas pela demonstração de objetos em movimento, como no caso da mecânica, mas sim deviam utilizar esquemas de princípio ou modelos de simulação. Enfim, último fenômeno notável, os cursos noturnos e as conferências científicas se impuseram como novos modos de ensino, atraindo uma parte do público das galerias de exposição abertas durante o dia.

A combinação desses diferentes fenômenos levou progressivamente à transformação das galerias, no começo intimamente ligadas ao Conservatório e ao seu modo original de transmissão dos conhecimentos, em um museu, pouco a pouco abandonado pelo seu público e pela sua instituição. As aquisições, ainda muito numerosas no início do século XX, começaram a declinar no período entre as duas guerras, e aquilo que fora até então um templo da atualidade técnica se tornou de fato um museu das técnicas passadas.

Uma tentativa para reinstalar um verdadeiro museu da história das técnicas foi lançada nos anos 1960 por Maurice Daumas. Várias seções foram renovadas quando de sua passagem pela direção do museu, como a energia, a metalurgia e a seção de fotografia, cinema e som. Mas, apesar desses esforços, algumas salas tiveram de ser fechadas, e o museu continuou a ser freqüentado essencialmente por um público de pesquisadores e amantes fiéis.

Esse museu, em parte abandonado, sofreu uma total renovação, no âmbito dos Grands Travaux de l'Etat. Considerando-se a evolução das técnicas e das ciências ocorrida durante os 50 últimos anos, não se tratava de refazer um museu destinado unicamente à atualidade, como fora há dois séculos. Mas esse formidável repositório de criatividade e de patrimônio técnico pôde receber um novo impulso, com uma apresentação inteiramente reformulada das coleções. Organizado em sete grandes galerias, e não mais em 25 seções, ele reafirma hoje a sua dupla vocação de museu de história das ciências e das técnicas e de centro de estímulo à inovação industrial, apoiando-se na evolução dos objetos técnicos e científicos. "Museu-oficina, o Museu de Artes e Ofícios, renovado, quer permanecer perto dos homens e de sua criatividade. Assim, é fiel à sua vocação primeira: demonstrar os tesouros de engenhosidade escondidos no coração dos mecanismos, no interior das máquinas" (Ferriot, Jacomy, 1997).

A CONSERVAÇÃO DO PATRIMÔNIO CIENTÍFICO CONTEMPORÂNEO

A história do Conservatório, e principalmente a aventura pedagógica do seu início, nos mostra que a constituição desse patrimônio científico e técnico único não nasceu, originariamente, de uma vontade firme de legar uma herança cultural às gerações futuras, mesmo que o futuro fosse a preocupação primeira dos seus fundadores, que queriam fazer da instituição o instrumento do desenvolvimento industrial e científico. Na verdade, a elaboração das coleções foi mais a *conseqüência* da política do estabelecimento do que a causa da sua criação.

Poderíamos hoje, seguindo os mesmos esquemas, imaginar que o nosso patrimônio científico, técnico e industrial pudesse construir-se por si mesmo, apenas com a vontade de difundir a cultura científica e técnica? Seguramente, não. Mas essa aspiração *cultural*, que foi realmente o ponto de partida das grandes instituições nascidas sob a Convenção — embora a palavra cultura não tivesse então esse sentido —, tende hoje a renascer. Os trabalhos históricos, os museus em criação ou em renovação, mostram bem o interesse que é preciso dedicar à herança material dos eruditos, cientistas, engenheiros e técnicos, dos poucos homens célebres aos numerosos anônimos. Mas essa tendência não mascara o desaparecimento rápido de um patrimônio atual e recente? Os laboratórios, particulares ou públicos, as universidades e centros de pesquisa só muito raramente tomam a iniciativa de salvaguardar, eles próprios, os vestígios de sua história. Os museus podem, devem, assumir esse papel sozinhos?

Essa pergunta não pode ser formulada unicamente em termos de ação cultural, como acabo de fazer. É indispensável considerar duas limitações. Uma, inerente aos homens que fazem a ciência e aos organismos que elaboram a pesquisa, é de ordem *econômica*. No contexto da concorrência internacional, é preciso manter-se na ponta e adaptar as pesquisas a um *mercado*. A outra está ligada não ao sistema, mas aos próprios instrumentos dessa pesquisa. A evolução da instrumentação científica durante os últimos 50 anos fez-se em várias direções, das quais citarei três tendências principais.

1. A tendência ao gigantismo de certas instalações — em dimensões e em custos —, sobretudo daquelas que tratam, paradoxalmente, dos menores elementos da matéria. A título de exemplo, o LEP (*Large electron-positron collider*), o grande acelerador de partículas do CERN (laboratório europeu para a física das partículas, originário do conselho europeu para a pesquisa nuclear), em Genebra, ocupa um túnel de 27 quilômetros de circunferência e reúne mais de 50 mil peças, dentre as quais um eletroímã de mais de 7.500 toneladas. O que preservar? Onde e como conservar esses instrumentos, testemunhas das ciências do século XX?

2. A tendência à uniformização da cadeia instrumental. O aparelho de laboratório "concreto", único, do passado — por exemplo a balança de Coulomb, o telescópio, o pirômetro — cedeu lugar, nas últimas décadas, à cadeia captador-conversão analógica/digital-tratamento dos dados. Os captadores conservaram e até aumentaram a sua extraordinária variedade, enquanto o tratamento dos dados informatizados é agora efetuado por máquinas universais, os computadores. Sejam eles microscópicos ou gigantescos, têm como função assistir os pesquisadores em sua tarefa de análise dos dados.

3. A tendência à obsolescência rápida. É bem mais fácil consertar um instrumento mecânico ou eletromecânico datando de um século do que os aparelhos do pós-guerra, que recorrem à eletrônica ou a programas informáticos. Os componentes se tornam rapidamente impossíveis de ser encontrados, e a produção de massa impõe um ritmo tal que certos instrumentos não podem mais funcionar além de cinco anos depois de fabricados. Mesmo que as peças tivessem sido guardadas, a questão do "saber-fazer" se apresenta às vezes agudamente, como vimos na proximidade do famoso "bug do ano 2000", para os softwares um pouco mais antigos.

Também não esqueçamos um corolário importante dessas mudanças: a fragmentação dos laboratórios. A partir do momento em que os fenômenos físicos, químicos ou outros são analisados por captadores e transcritos em dados binários, o tratamento pode ser efetuado a distâncias muito grandes do lugar da medida. Hoje os astrônomos pilotam, a partir do seu microcomputador, em algum lugar numa aldeia do sul da França, um radiotelescópio gigante situado no Chile, e recolhem os seus dados via redes informáticas de alto desempenho, que circundam o planeta.

O que isso significa, em termos de patrimônio ou de museu? Como conservar algo desses novos instrumentos e transmiti-los aos nossos sucessores? Essa questão se apresenta no nível material, é claro (volume, massa, quantidade, financiamentos), mas não deve esconder outras questões, de ordem mais fundamental. Os instrumentos podem permanecer operacionais? É possível reproduzir certos experimentos importantes? Sempre haverá pessoas capazes de fazê-los funcionar? Enfim, num plano mais estritamente museográfico, como explicar o funcionamento desses aparelhos? O problema afeta os microscópios eletrônicos ou os grandes computadores, mesmo recentes.

Uma das grandes respostas consiste em compartilhar o mais amplamente possível uma cultura técnica e científica que permita aos próprios atores da pesquisa escolher os elementos que serão deixados para o futuro. Mas os museus também estão presentes, para salvaguardar objetos e colaborar com os laboratórios e empresas, para selecionar e valorizar esse patrimônio. Essa é uma das missões, talvez a mais difícil, do Museu de Artes e Ofícios, que, ao mesmo tempo que abre as portas de suas reservas aos pesquisadores, tenta explicar máquinas e instrumentos "recentemente inventados" para alimentar uma verdadeira cultura técnica e científica.

3 Uma família de objetos na vitrine

Enquanto o Museu de Artes e Ofícios reabria suas portas, depois de vários anos de profunda renovação, a história das técnicas regressou aos programas escolares, com a chamada "história das soluções para um problema técnico". Essa abordagem concreta das questões tecnológicas só pode agradar ao historiador das técnicas; mas essa formulação um tanto ambígua não esconderia um tratamento demasiadamente limitado da evolução dos objetos técnicos? Será que estes são bem mostrados como elementos-chave de um sistema técnico geral numa determinada época, em constante relação com os outros aspectos da grande história das sociedades (o econômico, o social, o político...)?

O museu em geral, e o de Artes e Ofícios em particular, pode representar, nesse novo esquema educativo, um papel único e essencial, graças antes de tudo às coleções históricas que nele são conservadas desde épocas mais ou menos remotas. Na escola, os objetos técnicos de que se fala são representados visualmente e pelo discurso; no museu, estão presentes em sua realidade e em grupo. Esses conjuntos, notadamente essas *séries*, que encontraram no museu um lugar privilegiado, podem ser as testemunhas incomparáveis de uma história que não está exposta em nenhum outro lugar em termos tão claros.

SÉRIES DE OBJETOS E EVOLUÇÃO

Tomarei alguns exemplos tirados das vitrines hoje reanimadas; para começar, o de um instrumento científico que todo o mundo já utilizou pelo menos uma vez na vida: o microscópio. Na galeria "Instrumento Científico", a primeira das sete novas galerias que os visitantes redescobrem no percurso do Museu de Artes e Ofícios, um conjunto de duas vitrines é consagrado a uma série de uns vinte microscópios. Uma observação superficial revela um soberbo conjunto de objetos históricos, dos quais podemos admirar a variedade, a composição, a estética, a engenhosidade. Uma análise mais profunda, feita em companhia de um guia ou demonstrador, por exemplo, pode levar os visitantes a entrarem numa grande história, que se refere tanto à das ciências, quanto à das artes, dos homens e de suas culturas. Nessa vitrine dos microscópios, que menciono aqui, três grandes categorias podem ser facilmente distinguidas: os microscópios simples, os compostos e os solares. Um rápido exame desses diversos tipos revela uma grande semelhança entre eles ou, pelo contrário, uma grande diferença, segundo os critérios subjetivos — forma, estrutura, uso... — que forem adotados. Mas essas aparências são ilusórias, e a história dos objetos técnicos muitas vezes nos reserva surpresas.

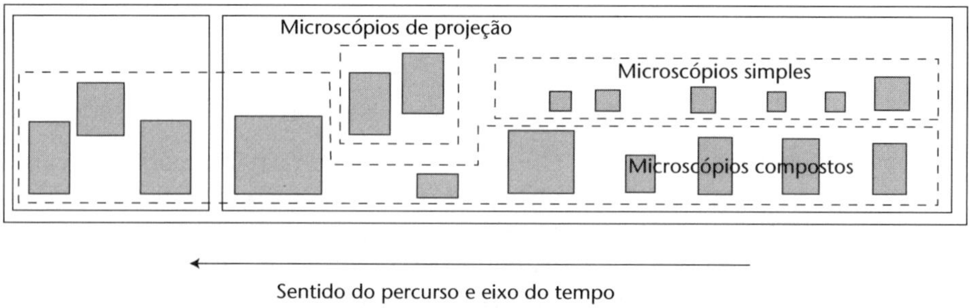

Organização da vitrine dedicada à evolução dos microscópios na galeria "Intrumentos Científicos" no Museu de Artes e Ofícios.

Uma primeira análise pode nos levar a reconstruir a história dos microscópios segundo a evolução do seu grau de complexidade, considerando-se o fato de que as técnicas tendem a evoluir sempre nessa direção. Teríamos assim, primeiramente, os microscópios simples, com uma única lente, espécies de lupas melhoradas. Viriam depois os microscópios compostos, equipados com várias lentes, e por fim os microscópios de projeção etc. Essa impressão poderia ser corroborada pelo fato de que as primeiras grandes descobertas sobre o ser vivo foram realizadas por um holandês do século XVII, chamado Antonie Van Leeuwenhoek, que pela primeira vez, desenhou espermatozóides, bactérias e outros "animálculos", os quais observou com ajuda de um genial microscópio de sua fabricação, dotado de uma minúscula lente de vidro pacientemente polido. A simplicidade do instrumento só se compara à dificuldade da observação. Fixar o corpo a observar na extremidade de uma espécie de tira-linhas, regular a altura e a profundidade do objeto em relação à lente, orientar-se para a fonte luminosa segundo o ângulo mais apropriado, acomodar a visão a uma distância de observação muito pequena, para descobrir enfim uma imagem: quantas etapas antes de poder traçar no papel alguns desenhos significativos...

Se seguirmos essa genealogia em suas primeiras manifestações, encontraremos um surpreendente microscópio, irmão gêmeo daquele com o qual o botânico Robert Brown descobriu o movimento de partículas que tem o seu nome, o movimento browniano. Surpreendente porque esse instrumento inglês, que Brown utilizou em 1825, ainda é um microscópio simples, idêntico no seu princípio ao de Leeuwenhoek, mas dotado de aperfeiçoamentos importantes em matéria de manipulação e regulagem.

Vêm depois os microscópios compostos, feitos de tubos de papelão e depois de cilindros de metal, pouco a pouco equipados com acessórios que os fariam assemelhar-se cada vez mais aos aparelhos manipulados cotidianamente ainda hoje pelos biólogos ou metalúrgicos. E assim por diante, até os microscópios eletrônicos, bem diferentes em sua tecnologia, mas tão próximos em seu princípio "ótico".

Essa visão de conjunto, embora muito satisfatória para o espírito e afinal tão de acordo com a idéia que temos de um progresso linear e sempre crescente, é amplamente derrubada pela realidade dos fatos. Uma breve observação mais precisa da estrutura dos instrumentos e de seu escalonamento no tempo permite-nos descobrir vários fatos paradoxais. Por exemplo, em nossa vitrine de microscópios está exposto, propositadamente na origem da série, um soberbo instrumento de Giuseppe Campani, famoso ótico italiano do século XVII. Na verdade, trata-se de um microscópio composto, assim chamado porque é dotado de duas lentes, e mais antigo do que a maioria dos microscópios simples expostos. Nossa noção comum de progresso deveria pois ser questionada? Basta observar detalhadamente o instrumento para saber que não. Efetivamente, ele é composto de duas partes: a principal é um tubo de papelão, com prolongamentos telescópicos, munido de uma lente em cada extremidade; a outra é um simples tripé de cobre, que serve de suporte para o tubo, disposto verticalmente. Tirando o tubo do tripé, teremos nem mais nem me-

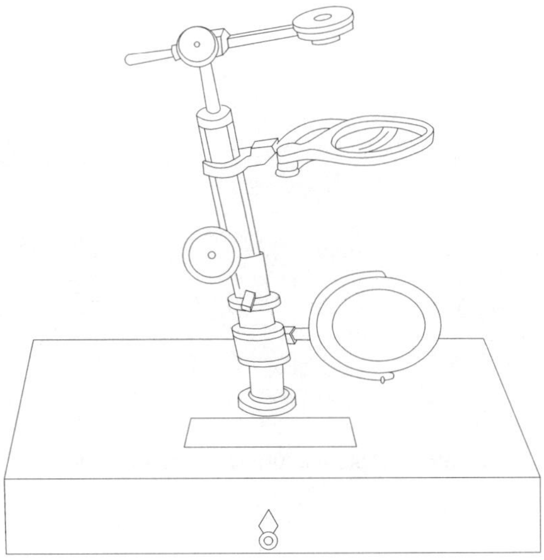

Microscópio simples, do tipo utilizado por Robert Brown, início do século XIX.

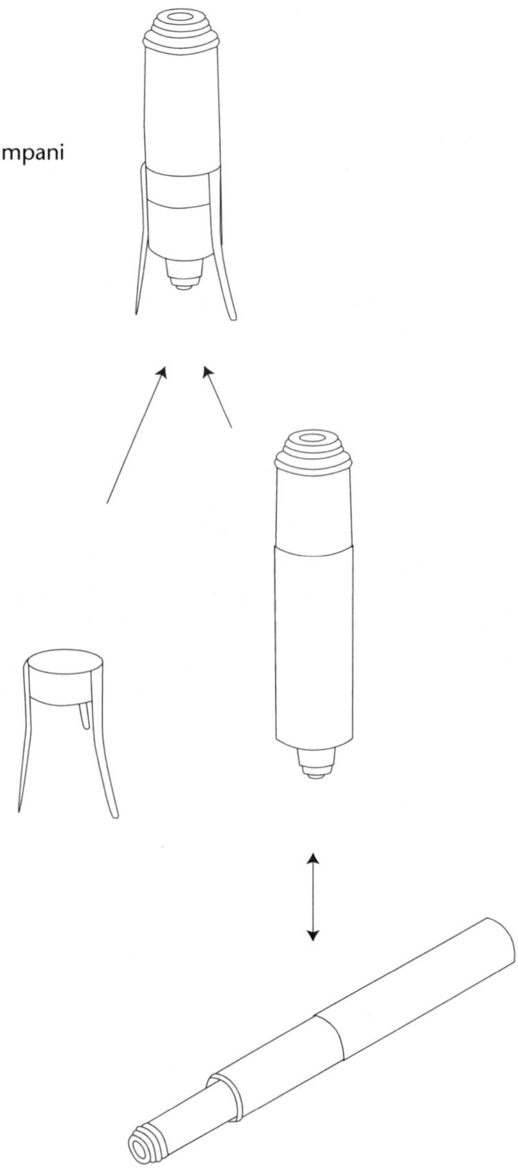

O microscópio e a luneta no século XVII.

nos do que uma luneta. É aqui que a história pode nos auxiliar para nos fazer compreender o encadeamento das inovações.

DA LUNETA AO MICROSCÓPIO

No fim do século XVI, óticos holandeses — a menos que fossem ingleses... — construíram uma luneta constituída desse mesmo tubo provido de uma lente em cada extremidade. Foi esse instrumento rudimentar, mas tão fascinante na época, que Galileu adquiriu para apontá-lo para o céu e desenhar as crateras da Lua e outros objetos celestes, o que faria com que ele se tornasse rapidamente célebre. Essa luneta, dita de Galileu, teria nos primeiros anos do século XVII um sucesso crescente, e seu poder de aumento logo seria utilizado para outra função: a observação dos objetos muito pequenos. Adaptando as características óticas das lentes e seu afastamento, a luneta de aproximação e depois a luneta astronômica dariam origem ao microscópio composto. Da mes-

		MICROSCÓPIO SIMPLES	MICROSCÓPIO COMPOSTO
c. de 1590	Hans e Zacarias Janssen		primeiros microscópios compostos
1612	Galileu		apresenta um microscópio composto ao rei da Polônia
1665	Robert Hooke		publica *Micrographia*
1683	Antonie Van Leeuwenhoek	descobre os microorganismos	
1694	Nicolas Hartsoeker		barrilete
c. de 1700	irmãos Musschenbroek	braço articulado portador do objeto	
1725	Edward Culpeper		modelo popular de três colunas
1744	John Cuff		introduz a platina para os acessórios
meados do séc. XVIII	George Adams		inclinação
1758	John Dollond		lente acromática
início do séc. XIX	W. W. Wollaston	duplo	
1830	Joseph J. Lister		supressão das aberrações cromáticas
c. de 1850		o microscópio simples é suplantado pelo microscópio composto	
c. de 1850	Giovanni Amici		objetiva de imersão
1904	Carl Zeiss		ultramicroscópio
1931	Max Knoll e Ernst Ruska	primeiro microscópio eletrônico	

ma maneira que se explorava o espaço muito longínquo, explorava-se a matéria de muito perto. O microscópio de Campani está na confluência de duas linhagens: seu tubo lembra a luneta, e o tripé anuncia os microscópios com tripé, ditos tipo Culpeper, muito em voga no século seguinte.

Se reconstruirmos toda essa genealogia, não leremos um progresso linear ou exponencial, mas uma evolução em árvore, complexa, com retornos, retomadas, transferências. O microscópio composto vai recuperar o parafuso micrométrico de regulagem do microscópio simples e, inversamente, o simples vai recuperar a caixa do composto. Assim, as duas linhagens se interpenetram e progridem paralelamente. Isso só pode ser compreendido conhecendo-se melhor os personagens que os aperfeiçoaram e permitiram essas descobertas. Antonie Van Leeuwenhoek trabalhava com tecidos; na sua cultura técnica, praticava o uso do conta-fios (Boutibonnes, 1994). Tendo descoberto em Londres o livro *Micrographia*, publicado pelo inglês Robert Hooke em 1665, no qual figuram muitos desenhos de observações feitas ao microscópio composto, Leeuwenhoek, fascinado e encontrando uma escala que lhe era familiar, lançou-se imediatamente na observação desse mundo infinitamente pequeno. Aperfeiçoou a técnica do microscópio simples, fabricando lentes de cristal de três milímetros de diâmetro, polidas por ele mesmo, obtendo um aumento superior a 200 vezes, e principalmente com uma definição bem superior à obtida então, por meio de microscópios compostos, devido a problemas de aberração cromática provocados pelo relativamente grande diâmetro das lentes, e por seu número. A resolução dos microscópios de Leeuwenhoek atingia dois micrômetros, enquanto a dos microscópios compostos não ultrapassava cinco micrômetros, por volta de 1800. Somente durante o século XIX estes últimos chegariam a tal desempenho.

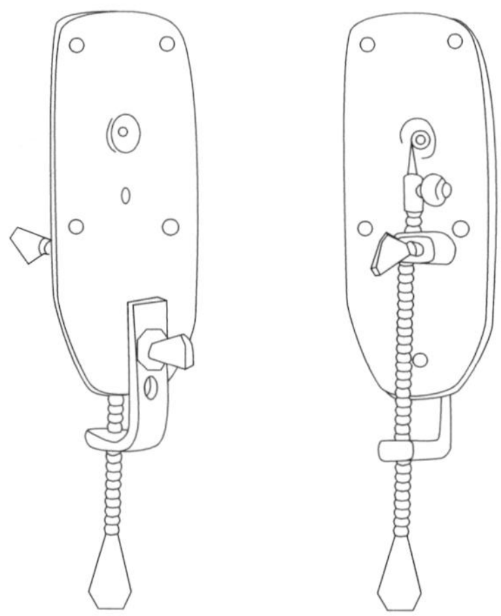

O microscópio simples de Leeuwenhoek, por volta de 1680.
A placa que sustenta a lente mede, em geral, de 3 a 5cm de altura.

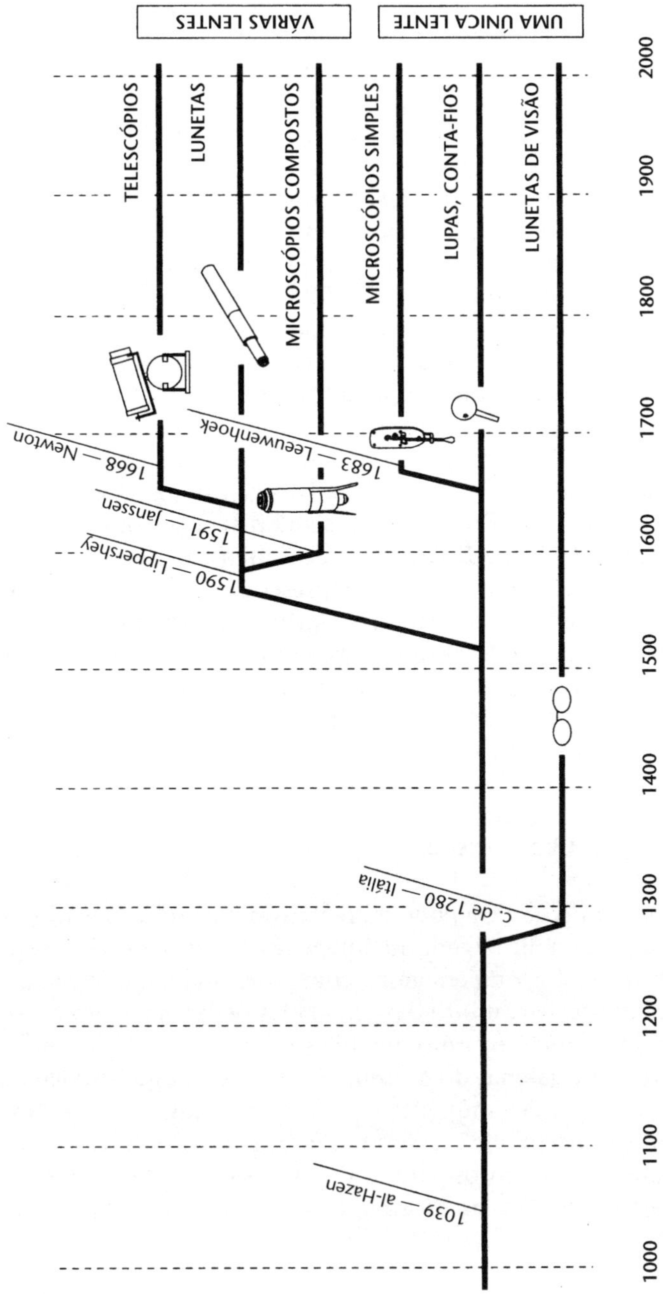

Árvore genealógica dos instrumentos óticos de aumento.

Assim, paradoxalmente, foram os microscópios ditos simples, adaptação aperfeiçoada da antiga lupa, que mais fizeram progredir o conhecimento científico. Mas não nos esqueçamos de que o preço do desempenho é pago em paciência, habilidade, perseverança. Quantas horas Leeuwenhoek passou polindo suas lentes, preparando seus temas de observação, perscrutando uma imagem instável, embaçada, sombria, antes de poder fazer uma descrição precisa? Ao passo que o microscópio composto, de desempenho inferior, era muito mais fácil de manipular! Não é à toa que ele constitui o arquétipo do brinquedo científico há tanto tempo.

Mas devemos ser gratos a esses cientistas do Século das Luzes por terem posto as suas descobertas imediatamente ao alcance do público, criando os microscópios de projeção, fosse sua fonte a luz do sol ou a de uma lâmpada a petróleo. Assim, numa ilustração das *Lições de física experimental* (1743-48) do abade Nollet,* pode-se ver um microscópio solar, instrumento que serve para projetar a imagem aumentada de uma pulga ou piolho, bem como uma lanterna mágica projetando uma caricatura de rosto. Tal representação é típica do estado de espírito do Século das Luzes. Essas projeções, diante das damas da corte, nos mostram uma era em que a ciência é um objeto social; não é uma ciência fechada num laboratório. Nos gabinetes, cheios de coleções "extraordinárias" (no sentido estrito), assistiam-se a sessões que eram verdadeiros espetáculos. Aliás, na *Enciclopédia* de Diderot podemos ver duas pranchas que ilustram perfeitamente o tema: representam a pulga e o piolho, e é preciso desdobrá-las várias vezes para descobrir os insetos em sua totalidade. Com seu espírito rebelde, Diderot quis, nessa obra, que a maior prancha representasse o menor ser vivo observável a olho nu. Isso revela a grande curiosidade da época pela observação do infinitamente pequeno e condiz plenamente com o espírito do século XVIII.

UMA OFICINA PARA COMPREENDER

Esse tipo de estudo de caso pode ser realizado partindo da evolução técnica ou tecnológica de uma linhagem qualquer de objetos e dos laços que se podem estabelecer com a história em geral, com a história das ciências e com a história das sociedades. No âmbito das atividades pedagógicas do Museu de Artes e Ofícios, vários princípios museográficos e educativos foram instaurados. Em cada uma das sete galerias do museu, por exemplo, está instalada uma oficina, um espaço de cerca de cinqüenta metros quadrados, no qual há vários modelos à disposição do público, assim como um estrado onde um demonstrador efetua alguns experimentos para os visitantes e explica os objetos ou as experiências, ao vivo. Da mesma forma, nas visitas guiadas o demonstrador abre

---

* Ver ilustração pág.79 (capítulo "As máquinas que queriam imitar o homem").

certas vitrines e faz funcionar alguns objetos; dessa maneira, ele tem a missão de fazer com que as coleções ganhem vida.

Essa decisão de fazer funcionarem os objetos vem contrabalançar a frustração que não pode deixar de surgir quando se está diante de objetos inanimados numa vitrine. Como se viu na exposição "A mecânica no tempo dos autômatos", apresentada em 1997 no Palais de la Découverte, o fato de um demonstrador abrir uma vitrine e acionar a manivela de uma engrenagem, fazer funcionar um escapo de relógio ou uma máquina do século XVIII é percebido pelos visitantes como um presente que lhes é dado. O demonstrador é então o mediador que vem tocar o objeto histórico que o público não pode fazer funcionar. O aspecto requintado — uso de luvas, principalmente, para não oxidar os objetos metálicos — e espetacular da operação é ao mesmo tempo uma descoberta para o visitante, um recurso pedagógico de primeira ordem e uma volta às fontes do Conservatório, quando o próprio abade Grégoire, fundador da instituição, atuava como demonstrador diante dos artesãos da época. Mas é evidente que esse procedimento só tem o seu pleno sentido quando o mediador completa sua demonstração com complementos históricos. Assim, ele pode mostrar por que esta ou aquela inovação surgiu em tal ano e não antes, estabelecendo então os laços com o estado das técnicas do tempo, com a sociedade de então, suas condições políticas, econômicas ou sociais. Foi possível observar, quando da exposição temporária "O homem-máquina", como os visitantes ficavam surpreendidos ao descobrir a oficina de fabricação das rodas de carros, animada por um comentário sonoro e luminoso, mostrando um estado de divisão das tarefas, que muitos acreditavam contemporâneo de Taylor, ao passo que a maquete datava de 1844...

Mas o número de objetos que podem ser postos em ação diante dos visitantes é infelizmente muito limitado, por evidentes razões de conservação. Por isso, foram elaborados dispositivos audiovisuais, os "quadros eletrônicos", que, diante de quase cem "objetos-ícone", mostram-nos em ação, seja por meio de uma filmagem da própria peça, seja através de simulações em imagens computadorizadas. Nessas mesmas telinhas planas dispostas sobre carteiras também podem ser vistos filmes históricos mostrando o objeto em sua época: os Joliot-Curie manipulando — aliás, sem grandes precauções... — o cíclotron do Collège de France; L'Obéissante, de Amédée Bollée, grande ônibus a vapor a caminho de Le Mans; ou a máquina de Marly, reconstituída em movimento no cenário do Palácio de Versalhes. Assim, os objetos reencontram a sua história e a dos homens que os conceberam, fabricaram ou utilizaram.

No passado, e notadamente por ocasião do desenvolvimento dos museus arqueológicos, ecológicos ou ao ar livre, o Museu de Artes e Ofícios foi acusado de apresentar apenas objetos belos demais (?), sobre os quais as marcas do tempo e das atividades humanas não apareciam com clareza suficiente. Demasiadamente "caprichados", eles poderiam mascarar, para o público, o trabalho penoso do homem, os sinais da atividade industrial. A equipe do museu está bem consciente desse risco, mas é necessário situar a própria história do lugar na história das técnicas e da transmissão do saber-fazer (Ferriot, Jacomy, 1997). Como dizia um número de *L'Illustration* dos anos 1930, o museu do Conservatório é um "museu de protótipos". Desde a sua criação, foi claramente afirmada a sua função de favorecer a inovação, de propor ao público as invenções mais recentes, em tamanho real, muitas vezes em modelos reduzidos, ou em desenhos; não se devem esquecer os 15 mil desenhos técnicos que constituem a Carteira Industrial. Esse museu é o da técnica "no momento em que está se fazendo" — vimos a fonte de aprovisionamento que constituíam as grandes exposições universais —, e é por isso que muitos desses objetos são hoje as únicas testemunhas de etapas inacabadas, de soluções abandonadas, de ramos mortos da grande árvore da evolução das técnicas. Assim, um tal museu pode hoje ser explorado não apenas como um panteão das técnicas passadas, mas também como um catálogo inestimável de soluções passíveis de ser analisadas, observadas com um olhar novo, para penetrarmos na pele dos cientistas, construtores ou engenheiros dos séculos passados, e questionarmos a prática cotidiana de uma tecnologia intemporal.

Ali está a ocasião, ali estão os objetos, a literatura, os recursos audiovisuais e humanos para fazer do Museu de Artes e Ofícios renovado uma ferramenta insubstituível para a exploração pedagógica da nossa história das técnicas.

4 O patrimônio sonoro

Da gastronomia aos monumentos históricos: a noção de patrimônio é amplamente diversificada. Até agora, os especialistas do patrimônio foram, principalmente, os conservadores de monumentos históricos ou de museus, encarregados pela sociedade de coletar, conservar e restituir os vestígios materiais do nosso passado. Assim, antes de tudo, conservou-se o que se *vê* e se *toca*: castelos, obras de arte, ferramentas... Entretanto, além dos sentidos da visão e do tato, nossa memória também é olfativa, gustativa e auditiva.

Consideremos a locomotiva a vapor, que já ingressou nos museus, na Europa ocidental. É essencial que as gerações futuras possam olhar e tocar essas máquinas, mas se as crianças que se aproximam delas não puderem sentir os odores da graxa quente e da fumaça, ou ouvir os assovios e ruídos do vapor, terão apenas uma percepção parcial de um objeto que no entanto marcou profundamente a vida de seus antepassados. Mesmo não podendo apreender esse patrimônio "total", devemos debruçar-nos sobre um dos seus componentes, importante mas tantas vezes negligenciado: o nosso ambiente sonoro.

NOSSO PASSADO DE IMAGENS SONORAS

Todos nós temos, escondida na memória, uma multidão de "imagens sonoras", ligadas a boas ou más lembranças, que podem ressurgir a qualquer momento. Essas imagens são como *fotografias* — *fonografias*, deveríamos dizer, se o termo já não tivesse sido utilizado para outro fim — da paisagem sonora na qual fomos criados, crescemos, e estão sempre ligadas a imagens visuais e a sensações. Se esses ruídos, esses sons, essas músicas, não são mais antigos, no tempo, do que a nossa memória individual, a paisagem sonora é fruto de uma longa evolução, de uma história que está por ser escrita. Alguns já a esboçaram, como o compositor canadense R. Murray Schafer, responsável pelo World Sound Project (Schafer, 1979), e de modo mais fragmentado, na França, alguns grupos de arquitetos, engenheiros e músicos.

Para salvaguardar e valorizar os elementos do nosso patrimônio, o procedimento mais eficaz e mais realista consiste em coletar os dados, organizá-los e pô-los à disposição de todos. É um trabalho complexo, no plano prático, no que se refere ao patrimônio sonoro. O ideal seria nunca separar os ruídos dos objetos ou seres que os emitem, nem do seu ambiente. Isso pode ser feito em alguns casos, mas é pura utopia para a maior parte deles. Por exemplo, nunca mais se saberá que cantos ou ruídos faziam o pássaro dodô (*Raphus cucullatus*) ou o *Raphus solitarius*, espécies de grandes pombos que não voavam, extintos respectivamente no fim do século XVII e durante o século XVIII.

Embora todos os meios mecânicos e eletromecânicos para gravar os sons e reproduzi-los[1] existam, desde o gravador até as técnicas informatizadas atuais, quantos barulhos terão desaparecido para sempre, porque eram demasiado *cotidianos* para que alguém se interessasse por eles? Ao lado desses sons perdidos, muitos outros podem ser reconstituídos, seja porque dispomos dos objetos que os produziam — ou de cópias fiéis —, seja porque certas descrições nos permitem sintetizá-los. Muitos ruídos domésticos podem assim ser ouvidos novamente porque esses objetos foram conservados; do mesmo modo, alguns instrumentos de música antigos podem ser reutilizados, graças a cópias realizadas de acordo com ilustrações ou descrições da época.

Entretanto, muitas vezes isso não ocorre com os sons gerados pela civilização industrial. Embora se trate de ruídos bem mais próximos de nós, e cujos vestígios ficaram vivos na memória das pessoas, muitos desapareceram, porque as máquinas que os produziam foram destruídas, ou porque elas não funcionam mais. O martelo-pilão de cem toneladas erigido na entrada de Creusot nunca mais fará tremer aquela terra com seus golpes repetidos, embora esse barulho intenso constitua um elemento fundador da memória coletiva da população. Então, só restam descrições, orais para os sons mais recentes, escritas para os mais antigos. Assim, autores do século XIX — como romancistas (Émile Zola, Charles Dickens, Pierre Hamp...), jornalistas ou engenheiros (Louis Simonin, Gaston Bonnefont...) — nos deixaram depoimentos literários sensíveis e documentados sobre o mundo do trabalho. Esses textos contêm preciosas informações que podem nos permitir se não reconstituir, pelo menos imaginar o ambiente sonoro do mundo do trabalho a partir da Revolução Industrial.

A COMUNIDADE HUMANA, DO SINO À SIRENE

Alguns exemplos da diversidade e da riqueza desse patrimônio serão mais eloqüentes do que uma longa enumeração. A história da região de Creusot Montceau-les-Mines fornece um terreno muito rico, e sua evolução variada

1. Por analogia, poderíamos utilizar o termo *sonografia*, mas este é reservado à notação gráfica de dados sonoros de uma paisagem, como certos mapas realizados por sonografia aérea.

poderia facilmente ser transposta para a escala de toda a civilização ocidental. Do mundo rural que caracterizava o conjunto dessa bacia até o século XVIII, alguns vestígios ainda vivos podem recompor, em parte, a paisagem sonora. O impacto do homem nesse meio pré-industrial ainda era discreto, e era possível ouvir, fora das aldeias, o chiado das rodas sobre a terra batida ou o som dos sinos escandindo a vida da comunidade. Na própria aldeia, os ruídos do trabalho se alternavam com os da festa. Os do ferreiro eram dos mais intensos. Todos praticamente desapareceram do meio rural, assim como os do toneleiro, do moleiro ou do serrador. No interior das casas, as sonoridades discretas do relógio, da mobília, da lareira faziam parte do patrimônio rural cotidiano.

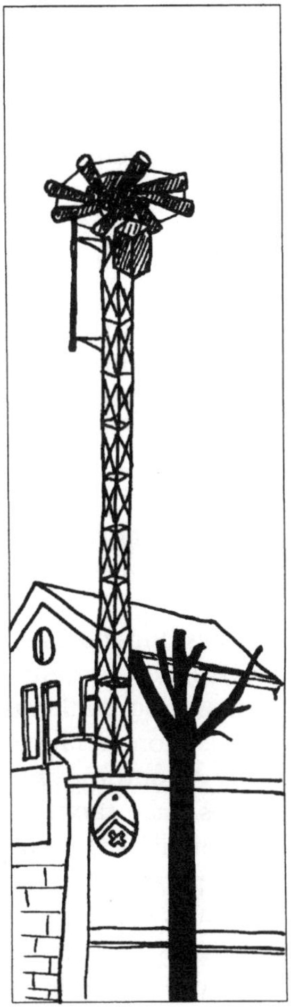

Uma sirene em Creusot, nos anos 1950.

Esse mundo rural evoluiu profundamente e, com a mecanização do trabalho, a batedeira, o trator e depois as cortadeiras ressoaram sucessivamente, a partir do começo do século XIX, na paisagem sonora rural. Todos esses ruídos podem ser percebidos de maneira muito diferente pelas pessoas. Um som agradável para uma será insuportável para outra. Os barulhos ou a música ligados à festa suscitarão a alegria daqueles que participam da euforia coletiva e a irritação daqueles a quem incomodam. Além disso, passando para o estado de lembrança, certos ruídos tornam-se carregados de um forte valor afetivo. Basta assistir hoje a uma "festa da batedeira" para sentir o apego profundo a esse patrimônio, visível na alegria das pessoas que parecem reencontrar sua identidade coletiva por meio dos gestos, e também de todo esse ambiente olfativo e sonoro. O assobio da locomóvel, sinal do começo do trabalho e das pausas ou do fim do dia, é outro elemento importante. A vida rural era pontuada por esses sinais sonoros, que estreitavam constantemente os laços entre os grupos humanos: o tambor do guarda campestre, o canto do galo e principalmente os sinos da igreja, que, com sua linguagem evoluída, ritmavam a semana e anunciavam os batismos, falecimentos, horas de alegria ou catástrofes. Algumas imagens sonoras ainda sobrevivem, mas a civilização industrial inundou os campos com seus barulhos próprios: no exterior, motores, propaganda, máquinas, aviões; no interior, rádios, liquidificadores, aspiradores, ordenhadeiras elétricas, campainhas de telefone... O aumento significativo do nível acústico médio, devido principalmente ao advento do motor a combustão interna e da eletricidade, provocou o desaparecimento de muitos ruídos anteriores, por inutilidade — o jornal, o rádio e o relógio substituem os sinos — ou por efeito de *máscara* — uma cortadeira, audível num raio de um quilômetro, mascara aos nossos ouvidos os sons naturais, de nível acústico mais fraco.

Evidentemente, a evolução mais espetacular desse ambiente sonoro ocorreu nas cidades, principalmente nas cidades industriais. Uma multidão de sons novos apareceram, dos quais alguns, os "sinais", foram criados para cumprir um papel, apesar do aumento no nível sonoro geral. Assim, surgiram as sirenes de fábricas, que chamavam os operários a vários quilômetros. Cada uma com sua identidade sonora, assumiram o papel dos sinos das aldeias. Os sinos, apitos ou trompas, que utilizavam apenas a energia humana, foram substituídos pelos apitos a vapor (para as máquinas fixas ou as locomotivas), e depois pelas sirenes e sinais sonoros elétricos. E, apesar do incômodo ou dos distúrbios que esses barulhos intensos ocasionavam, seu caráter social (pois reuniam a comunidade) faz com que muitos os sintam como elementos-chave de sua memória coletiva, ruídos transmitidos por seus antepassados e testemunhas de sua história. Para os operários que as utilizam, os ruídos das ferramentas e máquinas nas oficinas são tão característicos quanto o seu aspecto ou suas dimensões e, assim, contribuem para forjar uma identidade para os trabalhadores, mesmo quando tiveram como conseqüência nefasta doenças nervosas ou auditivas. A partir da Segunda Guerra Mundial o aumento do nível sonoro geral das cidades, que se seguiu à expansão dos meios de transporte — automóveis, veículos pesados, duas-rodas motorizados — fez com que os sinais também aumentassem seu volume. As sirenes dos bombeiros ou das ambulâncias, particularmente, tendem por toda a parte a "berrar" sempre mais, para se fazerem ouvir acima do ruído ambiente.

Mais recentemente, a difusão de músicas gravadas por fones de ouvido, em níveis sonoros demasiadamente elevados, trouxe de volta um elemento lamentável, que se acreditava esquecido, da nossa memória sonora: a "doença dos caldeireiros". Na verdade, é assim que se chama essa afecção auditiva, que resulta de lesões irreversíveis, provocadas no ouvido submetido repetidamente a ruídos que ultrapassam o limiar da dor. Essa surdez profissional, de que sofreram gerações de operários que trabalhavam com metais em folhas — laminadores, caldeireiros, rebitadores etc. — ressurge hoje e atinge justamente aqueles para quem o som é apenas prazer! Triste paradoxo.

A MEMÓRIA SONORA EM EXPOSIÇÃO

Todos esses elementos sonoros do nosso patrimônio podem ser coletados sob forma de fitas magnéticas ou descritos em fichas ou depoimentos escritos, posteriormente organizados e postos à disposição de todos. Mas surge um problema, no que se refere à difusão. O museu e a exposição são feitos primordialmente para os olhos. Se é relativamente fácil expor um objeto ou uma fotografia, é muito mais problemático fazê-lo funcionar para que produza seu ruído próprio ou acrescentar-lhe um meio de reprodução sonora. E os problemas não são apenas de ordem técnica. Uma museografia sonora levanta primeiramente a dificuldade da seleção, da classificação dos sons, e depois o de sua restituição para o público.

Globalmente, podemos caracterizar três maneiras de restituir a memória sonora:

- a abordagem realista: gravar o material bruto e difundi-lo, sem tratamento, através de meios eletroacústicos;
- a reconstituição: é mais ou menos o trabalho do sonoplasta no rádio, que, menos preocupado com o realismo, toma elementos simbólicos que se dirigem diretamente ao imaginário do ouvinte;
- a representação: é como que a ilustração sonora de um filme; obtém-se a dimensão espetacular pela recriação de um ambiente, a partir de sons reais reunidos.

Esses três aspectos da restituição devem ser considerados atentamente. Em alguns museus, fones individuais, como os de cabines telefônicas, fazem ouvir determinado trecho de uma fanfarra, uma voz de contador de histórias. Também se utiliza freqüentemente um sistema de alto-falantes — chamados de baixo-falantes, no caso — que, de cima, ou próximo dos ouvidos dos visitantes, produzem um clima sonoro perceptível, sem ser incômodo. Outra técnica que se desenvolveu muito nos últimos anos é o capacete individual, que difunde um programa que varia de acordo com a deambulação do visitante.

Todos esses dispositivos apresentam questões delicadas. Primeiro, o problema do "audiovisual": quando se associam elementos visuais e elementos sonoros, o visual domina sistematicamente (é um traço da nossa cultura ocidental). Depois, a ausência do suporte iconográfico — em caso extremo, a audição no escuro — exige uma atenção permanente. Enfim, o problema particular da duração. A foto se vê no instante, o som se inscreve na duração. Apesar dessa onipresença da imagem, o som pode ter, paradoxalmente, um impacto muito mais forte do que a imagem. Quem já não ficou perturbado escutando a voz gravada de uma pessoa já falecida, ao passo que a visão de uma foto provoca apenas uma sensação familiar?

Donde a necessidade de uma reflexão sobre a dimensão emocional e pedagógica desse procedimento no museu. A que sensorialidade se dirige o museólogo quando quer encenar uma história? Que proporção dar ao discurso falado? Deve-se visar à discursividade, à narração sonora ou, ao contrário, à repetição, ao leitmotiv? Que lugar atribuir à ação sonora? Como, mais geralmente, escolher entre a representação *realista* e a representação *didática*? Esse campo de pesquisa, na confluência do museu e dos vestígios materiais deixados pelo passado na memória, merece verdadeiramente ser aprofundado, tanto na análise do patrimônio sonoro quanto no estudo museológico da percepção do som no museu pelo público.

DOS OBJETOS E DOS SONS

Para esclarecer a questão, podemos tentar estabelecer uma tipologia dos principais objetos que produzem sons e que são suscetíveis de se encontrar no interior de um museu. Tomarei aqui o caso do Museu de Artes e Ofícios e considerarei quatro classes de objetos.

A primeira, bastante elementar, agrupa os objetos concebidos especificamente para produzir som, geralmente agradável. Quer se trate de música, quer de simples sinais audíveis, esses objetos emitem sons organizados, significantes; os mais evidentes nessa área são os autômatos, as caixas de música, objetos bastante antigos — pelos menos para objetos conservados num museu.

A segunda classe agrupa os objetos que produzem sons funcionais, não para o simples prazer, mas para cumprir uma função precisa, num âmbito técnico ou profissional. É o caso dos metrônomos, relógios, despertadores, conta-segundos... tomados no sentido de sua vocação sonora, e logo sem se considerar o seu tique-taque, som inerente ao seu próprio funcionamento. Por exemplo, na oficina do relojoeiro Ferdinand Berthoud, exposta no Museu de Artes e Ofícios, é apresentado um regulador para uso dos astrônomos. Esse tipo de instrumento remete a relógios extremamente precisos, providos de um grande pêndulo e cuja função principal é materializar os segundos por meio de uma campainha que soa a cada intervalo de tempo decorrido. O astrônomo olha no seu telescópio e observa, por exemplo, a distância percorrida entre o aparecimento e o desaparecimento de um astro no seu campo visual, contando os segundos pelo sinal sonoro. O instrumento é feito para o ouvido, mas a sua apresentação é ao mesmo tempo visual e sonora.

O museu também possui uma máquina de sonoplastia, utilizada para o teatro ou para o cinema mudo. Em si, ela é uma memória da cidade industrial dos anos 1900. Com a ajuda de manivelas ou manetes, podem-se *reproduzir* os ruídos de uma charrete circulando sobre o calçamento, de louça que se quebra, do apito da máquina a vapor, da buzina do carro, do motor dos primeiros automóveis e até de tiros de revólver. Por meios de imitação puramente mecânicos, a máquina reproduz sons significantes para o público. Enfim, a categoria dos objetos feitos para produzir som compreende, evidentemente, os instrumentos de música ou os aparelhos eletroacústicos destinados à reprodução dos sons: televisores, telefones, fonógrafos, gravadores...

A terceira categoria reúne os objetos manufaturados, cujo funcionamento produz infalivelmente fenômenos sonoros residuais. Esses objetos invadiram a nossa paisagem cotidiana, sob a forma, principalmente, de aparelhos a motor elétrico: hoje, não se pode passar cinco minutos em casa sem ouvir o compressor da geladeira, a bomba da lava-louças, a ventoinha do computador; em resumo, uma multidão de objetos que roncam, ronronam ou zumbem e que, sem fazer tanto barulho individualmente, criam um fundo sonoro incessante. O próprio museu, enquanto "objeto técnico" como qualquer outro, também não é desprovido desse tipo de sons, com sua climatização ou seus ventiladores de resfriamento de dispositivos eletrônicos.

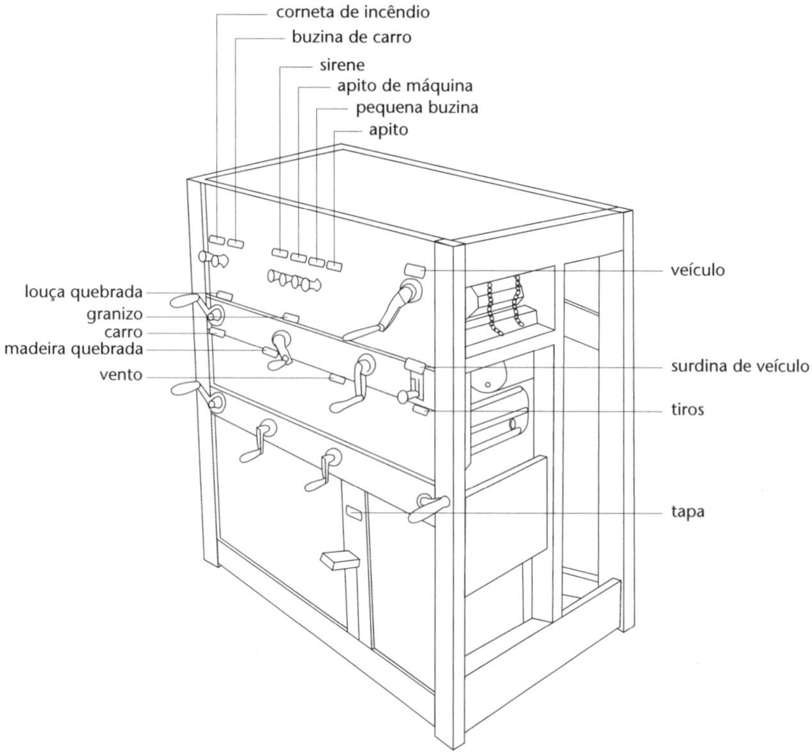

Máquina de sonoplastia para cinema, início do século XX (Museu de Artes e Ofícios).

Nessa categoria, também estão os veículos. Quando, ao gravar um CD-ROM, escrevi uma nota sobre a carreta de Cugnot, primeiro veículo a vapor do fim do século XVIII, um sonoplasta estava encarregado de acompanhar a animação visual com o barulho da máquina. O som proposto era uma espécie de zumbido, muito próximo do som dos nossos motores a explosão. Evidentemente, pedi que fosse corrigida essa ilustração sonora, que não correspondia de modo algum ao chiado, associado a uma espécie de assobio, que os motores a vapor produzem. O barulho da expansão da mistura no motor a explosão só existe a partir do fim do século XIX, e se prosseguíssemos no caminho dos veículos a vapor nossas cidades teriam um ambiente sonoro completamente diferente. Todas as máquinas produzem ruídos característicos, como as máquinas-ferramentas ou os teares, cuja memória foi conservada em canções populares.

Enfim, nessa categoria dos objetos de caráter técnico entram os instrumentos científicos que produzem sons hoje esquecidos ou desaparecidos. É o caso da bobina de Ruhmkorff ou das máquinas eletrostáticas do século XVIII, cujo "estalar" produzido pela centelha, som rico e de surpreendente finura, falta indiscutivelmente à museografia, quando se apresentam os objetos em vitrines, mas pode ser descoberto por ocasião das demonstrações.

Existe no museu uma última categoria, ligada ao próprio ambiente, a seus elementos arquiteturais ou museográficos. Três exemplos:

1. Os dispositivos de consulta multimídia, fitas de som, fones, que se encontram na maioria dos museus, e que transmitem uma informação sonora. Escute ou não, o visitante deve aceitar esses elementos.
2. Os sistemas motorizados que fazem parte das máquinas ou dos modelos de apresentação.
3. Os elementos sonoros ligados à arquitetura ou ao mobiliário dos locais. É o caso, no Museu de Artes e Ofícios, do assoalho que range, cuidadosamente reinstalado depois da restauração, ou da característica acústica especial da Sala do Eco. Essas "marcas sonoras" fazem verdadeiramente parte da memória do lugar. Uma pesquisa sobre as representações do museu por seus visitantes (Gottesdiener e Davallon, 1992) mostrou o quanto esses elementos participavam da identidade própria do local.

RUÍDOS E SONS EXPOSTOS

Dito isso, quais são os museus que integraram esse componente sonoro e como o tratam? Durante cerca de 20 anos de prática museológica, cheguei à seguinte constatação: a grande maioria dos equipamentos não tem nenhuma preocupação especial com a matéria; alguns museus — talvez mais as exposições temporárias — têm certos elementos museográficos integrando uma parte sonora; só os poucos museus restantes têm uma verdadeira abordagem sonora das apresentações.

Como exemplo, o museu da cutelaria de Thiers apresenta um caso interessante, que descobri em 1992. Uma sala do subsolo emitia um intenso ruído industrial. Nela, as paredes estavam recobertas de fotos de oficinas em tamanho natural, algumas máquinas-ferramentas estavam expostas e uma fita sonora reconstituía o ambiente de uma oficina, com um nível acústico próximo do real. Fiquei por um momento nessa sala, para observar o comportamento dos visitantes, e constatei que o dispositivo funcionava um pouco "ao contrário": os visitantes ficavam apenas alguns minutos e saíam, incomodados com o "barulho". Apesar disso, acho essa iniciativa interessante, pois mostra a vontade de fornecer um componente que geralmente falta a esse tipo de apresentação. Existe algo mais morto do que uma oficina sem barulho?

Outras tentativas foram feitas por museus temáticos para integrar o som de outra maneira. Nos museus ao ar livre, como os museus ingleses, ou em alguns museus ecológicos, estamos na presença de uma atividade artesanal ou industrial, que funciona com um pessoal circulando pela oficina. Daí resulta uma abordagem forçosamente diferente pois, além de ouvir o som, vêem-se os objetos que produzem esse som durante o processo de fabricação. Ouvindo o malho sobre a bigorna, vê-se o malho manipulado que golpeia. A relação com o objeto é pois muito mais direta.

O caso do museu francês da estrada-de-ferro de Mulhouse também é típico. Uma grande locomotiva a vapor, no caso uma 241P, é apresentada com uma fita sonora que reproduz, com qualidade bastante boa, o ruído dessa máquina ao dar a partida. A própria locomotiva está montada sobre um dispositivo de rolamento que permite fazer as suas rodas girarem. Todavia, a defasagem aparece pelo fato de que, já que a máquina fica imóvel, o visitante percebe o som dissociado daquilo que está vendo.

Se devêssemos tirar apenas uma lição dessas observações, diríamos que no museu os sons só valem pelo *silêncio*. Essa reflexão foi comprovada pela exposição "Design, espelho do século", apresentada no Grand Palais, em Paris, em 1993. A entrada na exposição se fazia por um túnel insonorizado, espécie de câmara surda de vários metros de comprimento, que todos os visitantes percorriam. No fim desse túnel, eram acolhidos por ruídos de aeroporto, caminhões e carros. O som tomava o seu sentido pelo próprio fato de que era precedido por um período de silêncio, por si só inquietante, no coração da cidade. Essa idéia me parece verdadeiramente engenhosa, pois o condicionamento dos visitantes era absolutamente apropriado para uma exposição que apresentava essencialmente objetos cotidianos e urbanos.

O SOM: INCÔMODO OU CONFORTO?

Apenas alguns museus e exposições dão um lugar especial ao som; a maioria deles tem uma preocupação sonora unicamente voltada para o conforto do visitante. Nesse caso, procura-se recriar um ambiente acústico suave, de modo que possa ser apreciada a qualidade do lugar e das apresentações. Umberto Eco dizia, num artigo do *L'Espresso*, que era preciso criar mais parques de atrações do tipo Disneylândia para que "aqueles que têm uma motivação real e querem realmente visitar os museus" possam usufruir deles e dos lugares históricos sem serem importunados. "Aqueles que levam uma guitarra, um rádio portátil ou um walkman quando vão ver as pirâmides, não seria melhor que fossem à Disneylândia?", acrescentou ele (Eco, 1992, p.28). Por trás dessa posição, de tom voluntariamente provocador, o museu descrito por Eco é considerado, antes de tudo, como um lugar de "deleite", principalmente para os olhos, o que supõe uma certa solidão para se estar, diante dos objetos de arte expostos, em condições de escuta e receptividade favoráveis.

O museu de Tautavel, quando o visitei em 1992, fornecia um exemplo do contrário dessa qualidade acústica. Esse museu de pré-história e de arqueologia, então recentemente aberto, dava grande importância ao audiovisual. Dois, ou às vezes três monitores de vídeo sonorizados apresentavam, em uma mesma sala, pequenos filmes, sobre o neolítico, por exemplo. Embora muito bem realizados, esses filmes se prejudicavam mutuamente, em razão da cacofonia gerada por sua difusão simultânea num mesmo lugar. Algo ainda mais lastimável se levarmos em conta que outros ambientes do mesmo museu, planejados para produzir uma sensação de intimidade — como a sala dos dioramas, no subsolo —, permitiam ver e escutar em boas condições documentários ou reconstituições de grutas de ótima qualidade.

Afinal, por que não há mais museus que se interessem pelo som? Quais são as razões dessa situação? Primeiro, pode-se alegar o fato de que o museu é, antes de tudo, um lugar *visual*. O som é considerado pelos visitantes como um incômodo. A causa maior reside na diferença fundamental entre o visual e o auditivo. Quando o visitante percorre um museu, é dono do seu tempo. Decide a duração da contemplação desta ou daquela obra. No caso do audiovisual — quer se trate do som, quer da imagem animada, ou dos dois ao mesmo tempo — o ritmo, o tempo, são impostos por esse recurso. Sonorizar um museu equivale a limitar a liberdade do visitante na sua abordagem dos objetos. A segunda razão é de ordem cultural: estamos em uma sociedade que privilegia o visual e apaga a dimensão sonora. Enfim, terceira razão, de ordem material e que é bom não esquecer: o museu também é um lugar de comunicação, de encontro entre as pessoas. Convém que se possa visitá-lo em família ou em grupo, e o som não deve aparecer como um obstáculo a essa comunicação. É por isso que a utilização dos fones de ouvido pode prejudicar a qualidade de uma visita, pois cada indivíduo fica fechado em sua bolha sonora, e a comunicação é forçosamente muito limitada.

O MUSEU SONORO IDEAL

Para tentar corrigir essa ausência de tratamento do som no museu, proporei três princípios fundamentais: a autenticidade deve prevalecer sobre a fidelidade, a sensibilidade sobre a realidade e o ritmo sobre o ambiente.

Antes de mais nada, para explicitar a relação entre autenticidade e fidelidade, retomarei aqui um caso que já citei várias vezes: a operação da rebitagem industrial. Para controlar a qualidade da junção que acabam de realizar, os operários fazem soar os rebites "com o martelo e com o dedo". As enciclopédias tecnológicas precisam: "Um rebite bem instalado e resistente dará um som claro quando se golpeia a sua cabeça com um martelo; o som é pesado e surdo se o rebite estiver instalado em más condições" (Lami, 2º supl., 1901, p.1285). O princípio é mais ou menos o mesmo daquele que comanda o controle das rodas dos vagões ferroviários. No museu, é possível imaginar uma montagem prática, que os próprios visitantes possam testar. Seriam apresentados dois rebites, fixados sobre uma mesma folha, um instalado adequadamente, outro mal-instalado. Se os visitantes puderem, individualmente, testar o som produzido pelos dois rebites, perceberão diretamente a diferença, que um texto ou um demonstrador poderá explicar. Um sistema eletroacústico nunca terá, por melhor que seja a sua qualidade, um efeito semelhante sobre o público. Também podemos citar o caso dos autômatos, lembrando a emoção produzida pelo jogo direto dos objetos, em oposição a reconstituições eletroacústicas, indispensáveis mas muitas vezes frustrantes.

Quanto à sensibilidade, que deve prevalecer sobre a realidade, voltarei ao exemplo do museu da cutelaria de Thiers. Não é porque se reproduz um ambiente muito realista que o visitante se sentirá necessariamente tocado, emocionado. É indispensável que haja uma harmonia entre o visto e o ouvido. Por exemplo, talvez seja mais coerente difundir, perto dos teares, trechos de canções populares nas quais a voz imita o ruído do tear do que reproduzir os sons reais, cuja ligação direta com as operações que se produzem na máquina — que, além disso, está imóvel — o visitante não compreenderá.

Enfim, o ritmo deve prevalecer sobre o ambiente. Se introduzimos o som no museu, é preciso que ele seja sutilmente destilado ao longo da visita, de modo que os espaços de silêncio permitam apreciar os instantes sonorizados. No museu ideal encontraremos, talvez, vestígios sonoros variados (um sino, rebites, autômatos, tiquetaques de relógios ou de instrumentos científicos, ruídos de máquinas eletrostáticas...), mas o ritmo de suas intervenções deverá harmonizar-se com o ritmo da deambulação, para deixar que o próprio visitante escolha produzir os sons ou esperar que eles se produzam, garantindo-lhe assim o prazer de desfrutar plenamente de cada um deles.

Evocando essas propostas de abordagem museológica do nosso patrimônio sonoro, avaliamos a distância que separa a cultura do conservador da cultura do cineasta, do músico ou do radialista. Se, na origem, o som é tratado com finura, sensibilidade e autenticidade pelos criadores ou produtores, nem por isso é evidente que a fidelidade da reprodução acessível ao "receptor" final esteja à altura dessas ambições originais. E mesmo que a reconstituição fosse ideal, a cultura do homem de hoje seria realmente capaz de fazê-lo apreciar, no seu justo valor, essa memória sonora?

A audição, como o paladar ou o olfato, perdeu a função vital da nossa animalidade primitiva. Uma verdadeira educação pode remediar essa queda de sensibilidade. Não nos privemos, hoje, dos prazeres que esses sentidos podem nos oferecer.

Bibliografia

ABBOTT, Edwin A., 1984. *Flatland, une aventure à plusieurs dimensions*, Paris, Denoël, col. Présence du Futur.

AGRICOLA (Georg Bauer, dito), 1992 (1556). *De re metallica*, Basiléia. Trad. fr. Albert-France Lanord, Thionville, G. Klopp.

ALGOUD, Albert, 1994. *Le Tournesol illustré. Éloge d'un oublié de l'histoire des sciences*, Paris, Casterman, col. Bibliothèque de Moulinsart.

ALTSHULLER, Genrich, 1984. *Creativity as an Exact Science: The Theory of the Solution of Inventive Problems*, Nova York, Gordon and Breach, col. Studies in Cybernetics.

"An improved steam riveter", *Iron Age*, 1876 (rebitadora de Pusey & Jones).

BACON, Francis, 1983 (1627). *La nouvelle Atlantide. Voyage dans la pensée baroque*, Payot, col. Bibliothèque Scientifique. [Ed. bras. in *Bacon*, São Paulo, Abril Cultural, col. Os Pensadores, 1984.]

BASALLA, George, 1988. *The Evolution of Technology*, Cambridge/Nova York/Melbourne, Cambridge University Press, col. Cambridge History of Science.

BEAUNE, Jean-Claude, 1998. *Philosophie des milieux techniques. La matière, l'instrument, l'automate*, Seyssel, Champ Vallon, col. Milieux.

BECKMANN, Johann, 1783-1803. *Beiträge zur Geschichte der Erfindungen*, Leipzig, 5 tomos em 8 vols.

BERTHOUD, Ferdinand, 1782. *État des instruments et outils servant à l'exécution et aux épreuves des horloges marines inventées par F. Berthoud*, manuscrito datado de 19 fev 1782, Musée National des Techniques, Arch. 10º 29.

BONNEFONT, Gaston, 1905. *Souvenirs d'un vieil ingénieur au Creusot*, Paris, F. Juven.

BOUTIBONNES, Philippe, 1994. *Antoni Van Leeuwenhoek, 1632-1723. L'Exercice du regard*, Paris, Belin, col. Un Savant, Une Époque.

BRETON, Philippe, 1995. *À l'image de l'homme. Du Golem aux créatures virtuelles*, Paris, Belin, col. Un Savant, Une Époque.

BUCHANAN, Robertson e George RENNIE, 1841. *Practical Essays on Mill-Work and Other Machinery*, Londres, J. Weale, 3ª ed., 2 vols. (rebitadoras de Fairbairn).

BURAT, Jules, 1844. *Exposition de l'industrie française: Année 1844. Description méthodique...*, Paris, Challamel, 2 vols.

BUTLER, Samuel, 1863. "Darwin among the machines", *The Press*, Christchurch.

____, 1981. *Erewhon*, trad. fr. V. Larbaud, Paris, Gallimard, col. L'Imaginaire.

CARON, François, 1996. "L'évolution des filières techniques ferroviaires", *Musée des Arts et Métiers. La Revue* nº 16, set 1996.

CHAILLEY, Jacques, 1969. *Histoire musicale du Moyen Âge*, Paris, PUF, 2ª ed.

CLARK, Edwin, 1850. *The Britannia and Conway Tubular Bridges*, Londres, J. Weale, 3 vols. (rebitadora Garforth).

CHRISTIAN, Gérard-Joseph, 1818. *Catalogue général des collections du Conservatoire royal des arts et métiers* (precedido de uma nota sobre o Conservatório real das artes e ofícios, por Christian), Paris, impr. de Mme. Huzard.

____, 1819. *Vues sur le système général des opérations industrielles, ou Plan de technonomie*, Paris, Mme. Huzard/ Mme. Vve. Courcier.

DAGOGNET, François, 1994. "Logique et magie de la machine", *Musée des Arts et Métiers. La Revue* nº 8, set 1994.

DARWIN, Charles, 1992 (1859). *On the Origin of Species by Means of Natural Selection, or The Preservation of Favoured Races in the Struggle for Life*, Londres, J. Murray. Trad. fr. moderna *L'Origine des espèces*, Paris, Flammarion, col. GF.

DEFORGE, Yves, 1985. *Technologie et génétique de l'objet industriel*, Paris, Maloine, col. Université de Technologie de Compiègne.

____, 1997. "Des techniques à la technologie, recueil d'articles", *Les Publications de Montlignon*, número especial, mai 1997.

DÉMORIS, René e Christian MEURILLON (org.), 1982-83. "La machine dans l'imaginaire (1650-1800)", *Revue des sciences humaines* nº186-187.

DESARCES, Henri, 1933. *Encyclopédie pratique de mécanique et d'électricité*, Paris, Librairie Aristide Quillet, 3 vols.

DESCARTES, René, 1648. *Lettre à Pierre Alibert.*

DIDEROT, Denis e Jean LE ROND D'ALEMBERT (org.), 1751-80. *Encyclopédie, ou Dictionnaire raisonné des sciences, des arts et des métiers*, Paris, Briasson, 35 vols.

DOYON, André e Lucien LIAIGRE, 1963. "L'hôtel de Mortagne après la mort de Vaucanson, 1782-1837", *Histoire des entreprises* nº11.

____, 1966. *Jacques Vaucanson, mécanicien de génie*, Paris, PUF, col. Université de Grenoble, Publications de la Faculté des Lettres et Sciences Humaines.

ECO, Umberto, 1992. "À Disneyland, Umberto Eco vole comme Peter Pan" *Courrier international* nº 97, p.28-9, trad. do *L'Espresso.*

EIDELMAN, Jacqueline e Michel VAN PRAËT (org.), 2000. *La muséologie des sciences et ses publics. Regards croisés sur la Grande Galerie de l'Évolution du Muséum national d'histoire naturelle*, Paris, PUF, col. Éducation et Formation.

ENDREI, Walter, 1968. *L'Évolution des techniques du filage et du tissage du Moyen Âge à la révolution industrielle*, Paris, Éditions de l'École des Hautes Études en Sciences Sociales, La Haye, Mouton, col. Industrie et Artisanat.

FAUCHERRE, Nicolas, 1993. "La mine explosive, la renaissance de l'art du siège", *Musée des Arts et Métiers. La Revue* nº 4, set 1993, p.34-40.

FERRIOT, Dominique e Bruno JACOMY, 1997. "Problématique d'une rénovation: musée des Arts et Métiers", *in* Bernard Schiele e Emlyn Koster (orgs.), *La révolution de la muséologie des sciences: Vers les musées du XXIe siècle*, Lion, Presses Universitaires de Lyon, p.21-37.

FONTANON, Claudine e André GRELON (orgs.), 1994. *Les professeurs du Conservatoire National des Arts et Métiers. Dictionnaire biographique 1794-1955*, Paris, Institut National de Recherche Pédagogique/ Conservatoire National des Arts et Métiers, col. Histoire Biographique de L'Enseignement, 2 vols. Ver as notas sobre G.-J. Christian por Antoine Picon, t.I, p.332-6, e sobre T. Olivier, por J. Sakarovitch, t.II, p.326-35.

FRÉMONT, Charles, 1913a. *Origine et évolution des outils préhistoriques*, Paris, Société d'Encouragement pour L'Industrie Nationale.

____, 1913b. *Origine et évolution des outils. Études expérimentales de technologie industrielle,* Paris.

FRIEDMANN, Georges, 1964. *Le travail en miettes*, Paris, Gallimard, col. Idées.

GEIGER, W., 1871. *Zur Entwicklungs Geschichte des Menschheit*, Stuttgart.

GILFILLAN, S. Colum, 1935. *The Sociology of Invention*, Chicago, Follet.

GILLE, Bertrand (org.), 1978. *Histoire des techniques*, Paris, Gallimard, col. Encyclopédie de la Pléiade.

GOTTESDIENER, Hana e Jean DAVALLON, 1995. "'L'Homme Machine', une exposition, des publics", *Musée des Arts et Métiers. La Revue* nº 11, jun 1995, p.13-9.

____, 1992. "Le Musée National des Techniques sous l'oeil de ses visiteurs", *Musée des Arts et Métiers. La Revue* nº 1, set 1992, p.34-9.

GOULD, Stephen Jay, 1997. *La foire aux dinosaures. Réflexions sur l'histoire naturelle*, Paris, Seuil, col. Points Sciences. Ver o cap. "Le pouce du panda de la technologie", p.57-70.

____, 1991. *La vie est belle. Les surprises de l'évolution*, Paris, Seuil, col. Science Ouverte. Ver o cap. "L'échelle et le cône, les iconographies du progrès", p.22-43. [Ed. bras. *Vida maravilhosa*. São Paulo, Companhia das Letras, 1990.]

GRÉGOIRE, Henri, 1794. *Rapport sur l'établissement d'un Conservatoire des Arts et Métiers*.

HACHETTE, Jean Nicolas Pierre, 1811. *Traité élémentaire des machines*, Paris; 4ª ed. rev. e aum., Paris, Corby, 1828.

HAUDRICOURT, André-Georges, 1988. *La Technologie, science humaine. Recherches d'histoire et d'ethnologie des techniques*, Paris, Maison des Sciences de L'Homme, Pref. de François Sigaut, p.8-32.

HAURY, Jean, 1988. "Le clavier", *Marsyas* nº 5, mar 1988, p.49-57.

HOOKE, Robert, 1665. *Micrographia*, Londres, Marty and Allestry.

HOSPITALIER, E., 1882. "L'Électricité domestique, les sonneries électriques", *La Nature* 1882-I, p.115-8.

JACOMY, Bruno, 1994. "L'Homme Machine" (exposição, out 1994-jan 1995), *Musée des Arts et Métiers. La Revue* nº 8, set 1994, p.4-11.

____, 1990. *Une histoire des techniques*, Paris, du Seuil, col. Points Sciences.

KROEBER, Alfred Louis, 1948. *Anthropology: Race, Language, Culture, Psychology, Pre-history*, Nova York, Harcourt, Brace.

LABOULAYE, Charles, 1845-61. *Dictionnaire des arts et manufactures et de l'agriculture*, Paris, 4 vols.; 6ª ed. 1886.

LAFITTE, Jacques, 1934. "Sur la science des machines", *Revue de synthèse*, p.65ss.

____, 1972. *Réflexions sur la science des machines*, Paris, J.Vrin.

LAMI, Eugène-Oscar, 1881-88. *Dictionnaire encyclopédique et biographique de l'industrie et des arts industriels*, Paris, Librairie des Dictionnaires, 8 vols.; 2 vols. suplementares em 1891 e 1901.

LE MOËL, Michel, Raymond SAINT-PAUL e Claudine FONTANON (orgs.), 1994. *1794-1994, le Conservatoire National des Arts et Métiers au coeur de Paris*, Paris, Conservatoire National des Arts et Métiers, Délégation à l'action artistique de la ville de Paris.

LEROI-GOURHAN, André, 1945. *Évolution et Techniques*, t.I: L'Homme et la Matière, Paris, Albin Michel.

LESCOT, Yves, Georges MENAHEM e Patrick PHARO, 1980. *Savoirs ouvriers, normes de production et représentations,* Boulogne, ACT.

LINDGREN, Michael, 1991. "Abécédaire mécanique", *FMR* VII, nº 34, p.51-64.

LINDQVIST, Svante, 1992. "Des Olympiades de la technologie, le Deutsches Museum et le Tekniska Museet", *in* Brigitte Schroeder-Gudehus (org.), *La société industrielle et ses musées. Demande sociale et choix politiques (1800-1990)*, Paris, Éd. des Archives Contemporaines, p.119-49.

LINHART, Robert, 1981. *L'Établi*, Paris, Éd. de Minuit, col. Double.

"Machine à river les tôles et les cuivres appliquée principalement aux chaudières à vapeur et à eau, par M. Fairbairn, Manchester", *Publication industrielle des machines, outils et appareils*, vol.I, 1857, p.343-51.

"Marteau pneumatique à longue course", *Le génie civil*, vol.XXXVIII, 1901, p.364-5.

"Mémoire lu en séance de la société des Mechanical Engineers à Liverpool le 31 juillet 1872 sur l'application de la pression hydraulique aux machines-outils et aux travaux publics", *Bulletin Mensuel de la Société des Anciens Élèves des Écoles Nationales d'Arts et Métiers* nº 116, 1874, p.489-517.

MERCIER, Alain, 1994. *Un Conservatoire pour les arts et métiers,* Paris, Gallimard, col. Découvertes, Mémoire des lieux.

"Messrs W. Fairbairn & Co's improved patent riveting machine", *The Civil Engineer and Architect's Journal*, 1843, p.115-6.

MOLES, Abraham A., 1968. "Invention", *Encyclopaedia universalis*, Paris, vol.9, p.63-4.

NANSOUTY, Max de, 1881-82. "Le rivetage hydraulique", *Le Génie civil,* vol.II, p.265-7, 289-92, 339-42, 363-5.

NOLLET, Abbé Jean-Antoine, 1743-48. *Leçons de physique expérimentale*, Paris, 6 vols.

"Nouvelle machine arithmétique de l'invention du sieur Grillet, horlogeur", *Journal des sçavants*, 1678, p.161-4.

OFFROY DE LA METTRIE, Julien, 1981. *L'Homme-Machine: L'Anti-robot*, Paris, Denoël-Gonthier, col. Bibliothèque médiations.

PETROSKI, Henry, 1992. *The Evolution of Useful Things*, Nova York, Alfred A. Knopf.

PIGANIOL, Pierre, 1989. *Le Musée du Conservatoire National des Arts et Métiers, sa renaissance, porquoi?, comment?*, Paris, Musée National des Techniques.

PLACE, Dominique de. "L'hôtel de Mortagne et les dépôts de l'an II", *in* M. Le Moël, R. Saint-Paul e C. Fontanon (orgs.), *1794-1994, le Conservatoire National des Arts et Métiers au coeur de Paris*, op.cit., p.47-56.

____, 1983-84. "Le sort des ateliers de Vaucanson 1783-1791 d'après un document nouveau", *History and Technology*, p.79-100 e 213-34.

RAZY, C., 1913. *Étude analytique des petits modèles du Musée Historique des Tissus de Lyon*, Lion, Rey.

REULEAUX, Frantz, 1877. *Cinématique. Principes fondamentaux d'une théorie générale des machines*, Paris, F. Savy. Ver o importante capítulo central "Coup d'oeil sur l'histoire du développement des machines", p.205-59.

____, 1994. "Culture et technique", comentado por Yves Deforge, *Musée des Arts et Métiers. La Revue* nº 8, set 1994, p.29-40.

REY, Alain (org.), 1998. *Dictionnaire historique de la langue française*, Paris, Dictionnaires Le Robert, 3 vols.; 1ª ed. 1992.

ROSSI, Paolo, 1996. *Les philosophes et les machines (1400-1700)*, Paris, PUF, col. Science, Histoire et Société.

SADOUL, Numa, 2000. *Tintin et moi. Entretiens avec Hergé*, Tournai, Casterman; 1ª ed. 1975.

SARTON, George, 1937. "Charles Frémont, historien de la technologie (1855-1930)", *Isis* vol.27, p.475-84.

SCHAFER, R. Murray, 1976. *The Tuning of the World*, Nova York, A. Knopf. Trad. fr. *Le paysage sonore*, Paris, J.-C. Lattès, 1979.

SEBESTIK, Jan, 1984. "De la technologie à la technonomie: Gérard-Joseph Christian", *Cahiers Science Technologie Société* nº 2, p.56-69.

SERRES, Michel, 1977. "Tintin ou le picaresque aujourd'hui", *Critique* nº 358, mar 1977, p.197-207.

SIMONDON, Gilbert, 1968-69. *Cours sur l'invention et le développement des techniques*, Paris, Sorbonne, inédito.

____, 1989 (1958). *Du mode d'existence des objets techniques*, Paris, Aubier, col. L'Invention Philosophique, posfácio de Yves Deforge.

SIMONIN, Louis, 1982 (1867). *La vie souterraine. Les mines et les mineurs,* apresentação de Jean-Claude Beaune, Seyssel, Champ Vallon, col. Milieux.

"Steam riveting machine", *Civil Engineer and Architect's Journal*, 1844, p.366-7 (rebitadora Schneider).

STOURDZÉ, Yves, 1987. *Pour une poignée d'électrons. Pouvoir et communication*, Paris, Fayard.

STRANDH, Sigvard, 1988. *Machines, histoire illustrée*, Paris, Gründ, col. Regards.

SVILOKOSSITCH, Michel, 1992. "Les machines-outils à l'Exposition universelle de 1900", *Revue Technique de L'Exposition Universelle de 1900...*, 2ª parte, vol.III, p.32-62 (martelos pneumáticos).

USHER, Abbott Payson, 1954. *A History of Mechanical Inventions*, Nova York, Dover; 1ª ed.: Cambridge, Mass., 1929.

VAN PRAËT, Michel, 1991. "Évolution des musées d'histoire naturelle, de l'accumulation des objets à la responsabilisation des publics", *La galerie de l'évolution, concepts et évaluation. Colloque international, 22-23 novembre 1990,* Paris, Musée National d'Histoire Naturelle, p.19-26.

VÉRIN, Hélène, 1993. *La gloire des ingénieurs. L'Intelligence technique du XVIe au XVIIIe siècle*, Paris, Albin Michel, col. L'Évolution de L'Humanité.

VIDAL, Florence, 1984. *L'Instant créatif*, Paris, Flammarion.

Fontes

Esta obra se baseou nos seguintes artigos — aqui profundamente reformulados, completados e atualizados — que foram publicados em várias revistas, a partir de 1980.

Primeira parte: Histórias de objetos

"L'âge du plip, une chronique de l'innovation", *Musée des Arts et Métiers. La Revue* nº 12, set 1995, p.10-5.

"Enquête sur un bouton", *Alliage* nº 14, 1992, p.11-23.

"Les innovations du métier de Vaucanson" e "Mécanismes et organes de machines au musée des Arts et Métiers", *Métiers d'art* (número dedicado às artes mecânicas), nº 52-3, mar-jun de 1994, p.102-4 e 120-3.

"The technological evolution of riveting machines", *IA, the Journal of the Society for Industrial Archeology* 24, nº 2, 1998, p.37-52.

Segunda parte: O homem e a máquina

"Les machines qui voulaient singer l'homme", *in* Jean Clair (org.), *L'Âme au corps. Arts et sciences 1793-1993*, catálogo da exposição homônima exibida no Grand Palais, Paris, 1993-1994, Paris, RMN, Gallimard, Electa, 1993, p.120-9.

"Tintin, les sciences et les techniques", mesa-redonda organizada em 15 set 2001 pelo Museu da Marinha, por ocasião da exposição "Mille sabords", com Bruno Jacomy, Pierre Mochkovitch e Michel Serres, apresentada por Bruno Ponsonnet.

"La roue tourne", *Milieux* (número especial sobre a *Encyclopédie* de Diderot) nº 19-20, out 1984-jan 1985, p.54-61.

"La créativité du pauvre: les aiguilles de l'horloge", *Milieux* nº 26, out 1983-jan 1984, p.58-63.

"Techniques et évolution", *Recherches en muséologie technique. Conceptions et réalisations muséales dans le domaine des techniques*, Paris, Universidade de Paris Sul, Centro Científico de Orsay, dez 1997. Retomado, segundo "Les objets techniques, une affaire de familles", jornadas de estudo *Muséologie technique*, Musée des Arts et Métiers, Paris, 15 jun 1992.

Terceira parte: A memória das técnicas

"Les objets techniques, une affaire de familles", jornadas de estudo *Muséologie technique*, Musée des Arts et Métiers, Paris, 15 jun 1992.

"Du cabinet au Conservatoire, les instruments scientifiques du Conservatoire des arts et métiers à Paris", *Journal of the History of Collections*, vol.7, nº 2, 1995, p.227-33.

"L'histoire des techniques dans la vitrine", *L'éducation technologique* nº 7, mar 2000, p.4-7.

"Les sons, élément de notre patrimoine", *Milieux*, out 1980, nº 3-4, 1980, p.40-3.

"Monde sonore et mémoire", in *Pour une culture sonore du quotidien. Actes du colloque, Maison de la culture de Chalon-sur-Saône, 19-20 de mars de 1983,* Chalon-sur-Saône, Acirene, 1985, p.74-8.

"La mémoire sonore de demain", in Jean-François Augoyard (org.), *Séminaire de recherche "Environnement sonore et société (1984-1986)". Résumé synthétique des travaux*, Grenoble, Équipe de sociologie urbaine, Centre de Recherche sur L'Espace Sonore, 1987, p.60-71.

"Le son au musée", *in* Élie Tête (org.), *Quels paysages sonores demain? Actes du colloque, 9-10 juin 1993,* Le Creusot, Chalon-sur-Saône, Acirene, 1995.

Este livro foi composto por Victoria Rabello
em Stone Serif e Stone Sans e impresso pela
Geográfica Editora, em abril de 2004.